国外城市设计丛书

简明城镇景观设计

The Concise Townscape

[英] 戈登·卡伦 著

王 珏 译

中国建筑工业出版社

著作权合同登记图字：01—2003—7854号

图书在版编目（CIP）数据

简明城镇景观设计／（英）卡伦著；王珏译．—北京：中国建筑工业出版社，2008
（国外城市设计丛书）
ISBN 978-7-112-10160-3

Ⅰ.简… Ⅱ.①卡…②王… Ⅲ.①城镇②城市规划－设计 Ⅳ.TU984.1

中国版本图书馆CIP数据核字（2008）第081524号

First published by The Architectural Press 1996
Paperback edition 1971
Reprinted 1994, 1996, 1997, 1998, 1999, 2000, 2001, 2002, 2003, 2004, 2005
Copyright © 1961, 1971. Elsevier Ltd.
Translation copyright © 2009 by China Architecture & Building Press

本书由英国Elsevier授权我社翻译、出版、发行

THE CONCISE TOWNSCAPE/GORDON CULLEN

责任编辑：戚琳琳
责任设计：郑秋菊
责任校对：李志立 王 爽

国外城市设计丛书
简明城镇景观设计
[英] 戈登·卡伦 著
王 珏 译

*
中国建筑工业出版社出版、发行（北京海淀三里河路9号）
各地新华书店、建筑书店经销
北京嘉泰利德公司制版
北京建筑工业印刷厂印刷
*
开本：787×1092毫米 1/16 印张：12½ 字数：310千字
2009年1月第一版 2017年10月第二次印刷
定价：38.00元
ISBN 978-7-112-10160-3
　　　（16963）

目 录

致谢 ·· iv

导言 ·· vi

1971年版导言 ··· xii

案例参考

    序列场景 ·· 1

    场所 ·· 5

    内容 ·· 41

    功能性的惯例 ···································· 71

综论

    适合不同需要的广场 ······························ 81

    成为焦点的道口建筑 ······························ 87

    隔断 ·· 90

    生活的线索 ······································ 95

    步行与车行 ······································ 105

    障碍物 ·· 107

    地面 ·· 112

    伍德斯托克解析 ·································· 113

    旷野式的规划 ···································· 117

    经验法则 ·· 124

    街道照明 ·· 128

    户外广告 ·· 135

    墙面 ·· 139

    英国的气候 ······································ 146

    可供参考的先例 ·································· 148

    树木配植 ·· 152

    标高的变化 ······································ 159

    这里和那里 ······································ 166

    直观性 ·· 173

结语 ·· 177

译后记 ·· 181

英中词汇对照 ·· 183

致　谢

　　作者衷心感谢以下杂志和部门，给予作者对相关照片的使用权：《航空影像》(*Aerofilms*)，30 页下图，120 页左上图，123 页上图；阿里纳利公司[1]罗马代理处，56 页右下图；《建筑评论》(*Architectural Review*)，10 页上图，23页上图，25 页，26 页下图，28 页两张，34 页上图和右下图，49 页上图，54页上图，55 页两张图，59 页上图，65 页下图，77 页下图，88 页，107-110 页，117 页上图和中间图，118 页除左上之外的图，119 页，120 页除左上之外的图，129 页，130 下面的两张和中间偏右的图，132 页，133 上图。

　　感谢如下摄影者为本书提供了宝贵的照片资料：Dell & Wainwright，2 页左边从上到下，24 页左上图，62 页上图；Dewar Mills，178 页上图（原书如此）；I. de Wolfe，6 页上图，7 页下图，8 页上图和左下图，22 页，35 页两张，37 页上图，38 页右上和右下图，45 页上图，60 页两张，78 页左中图，87 页下图，91-92 页，93 页上图，94 页，113-115 页，142 页左下图，143 页下图，145 页左下图，161 页，162 页上图和左中图，165 页两张，173-175 页；H. de Burgh Galwey，15 页上图，16 页下图，24 页左中图，42 页上面两张，45 页下图，48 页下图，63 页右下图，71 页右图，72 页下面三张及中间、右图，73 页下面两张，74 页下面两张，78 页右下图，80 页左中图，96-100 页，125-127 页，162 页右上图，163 页；Hastings，80 页右中和下中图；John Maltby，24 页右上图；Ian McCallum，13 页左下图，14 页下图，20 页下图，36 页两张，37 页下图，48 页上图，52 页下图，53页下图，66 页下图，71 页左上，72 页左中，74 页上图，76 页上图，68 页右下图，80 页上中图和右图，142 页右上图，144 页上面两张，145 页左上图，155 页上图，156 页，160 页，162 页左中图；Ian Nairn，18 页下图，19 页上图，20 页上图，31 页右图，41 页下图，42 页从下往上第二张，53 页上图，57 页上图，58 页下图；J.M.Richards，63 页上图，71 页左下图，74 页中间，79 页左上两张和右下图，80 页左上图，145 页右上图；Sylvia Sayer，44 页上图；W. J. Tommey，40 页，42 页下图，130 页右上图。

　　还有以下公司也向本书提供了宝贵的照片资料：Black Star，135 页下图；

1　阿里纳利公司，Agenzia Alinari，位于意大利佛伦萨，成立于 1852 年，是世界上最早的以收集珍　贵照片为主要工作的公司。译者注。

Oscar Bladh, 11 页左图；Charles Borup, 80 页左下图；Crakenell, 157 页上图；D' Andre Vigneau, 21 页下图；Eric de Maré , 5 页，7 页左上图，30 页上图，33 页下图，50 页上图，72 页左上图，73 页上图；Entwistle, 62 页左下图；Fox Photos, 93 页下图；Marcel Gautherot, 153—154；General Electric Co., 130 页左上图；Hedrich Blessing, 145 页左下图；Hobbs, Ofen & Co., 133 页下面两张；Jack Howe, 172 页；H. Dennis Jones, 6 页下图；Jose do Patrocinio Andrade,142页右下图；C. and S. Kestin,67页下图；G. E. Kidder Smith, 17 页下图，67 页上图，152 页右图，155 页下图，157 页下图，158 页两张；Herbert List, 65 页左上图；Millar and Harris, 26 页上图；National Gallery, 第 12 页；S. W Newbery, 66 页上图；Cas Oorthuys, 7 页右图 [根据 Bruno Cassirer 出版的《这是伦敦》（*This is London*）一书复制]；Photoflight, 118 页左上图；John Piper, 50 页下图，79 页左下图；伯明翰 Poles Ltd., 130 页左中图；Paul Popper, 152 左中图；Press and Publicity Photographic Co., 123 页下图；A.E.Raddy, 101 页，103 页，142 页左上图；Radio Times Hulton Picture Library, 32 页下图；Roads Campaign Council, 11 页右图；L. Sievking, 57 页下图；A. R. Sinsabaugh, 52 页上图；Spectrocolour, 80 页左下图；R. Stallard, 24 页左下图；Struwing, 21 页上图；The Times 杂志, 31 页左图，41 页中间，43 页下图，61 页两张；Reece Winston, 10 页下图。其余照片均为作者所摄。

　　本书的所有绘画均为作者所画，但同样也需要感谢剑桥大学出版社对本书第 19 页的图画摹自 David Roberts 的《剑桥城应当如何革新》（*The town of Cambridge as it ought to be Reformed*） 的许可；感谢 Messrs Methuen 对本书 64 页的图画摹自 Ebbe Sadolin 的《漫步在伦敦》（*A Wanderer in London*）的许可。

导　言

　　人们聚居在一起，形成城镇，这种聚居的方式具有许多优势。居住在农村中的家庭很少能够有机会去剧院看演出、到外面的餐馆就餐，或者是在图书馆中看书，而居住在城市中的家庭就可以轻松使用这些福利设施。（在城市中，）每户居民只用出很少的钱，（由于人口的聚集而）放大成千上万倍后，就使得公共福利设施的建设成为可能。城市不只是简单的居民人数的总和，它包含了更多的内容。城市具有使人获得更多福利设施的力量，这是人们更愿意群居而不喜欢独居的重要原因之一。

　　现在，让我们来讨论一个有关城市的面貌将给本地居民和访客带来何种视觉影响的问题。我希望提出一个与前面所谈论到的话题相类似的、对建筑群体也有效的论点：将人们聚集在一起，他们将产生出更多的快乐；将建筑聚集在一起，它们将给我们带来更多视觉上的快乐，而这样的快乐是单个建筑难以达到的。

　　当一座建筑单独矗立在郊野的时候，它给人们带来的感受是一个建筑作品；但如果将多座建筑物放在一起，就可能会产生一种不同于建筑学的艺术类型。一些不可能在单体建筑上出现的事情在建筑物群体中间产生了。也许，当我们在穿越或者路过某个建筑群、拐过一个街角的时候，在我们的眼前突然出现了一个未曾预料到的建筑，我们也许会感到意外，甚至非常惊讶（这是一种由群体的构成而产生的反应，而不是由单独的建筑物产生的）。同样，假设不同的建筑组合在一起，使人们可以进入这个群体之中，那么，这个由建筑围合所产生的空间就像有生命一样，超越了构成这个空间的建筑物本身的意义。人们身处其中所产生的反应是"我在'它'的里面"，或者"我正在进入'它'的范围内"。还需要注意的是：在这群建筑物中，可能有一个建筑物的功能并没有被完全确认下来。它可以是居住建筑中心的一个银行、一座寺庙或者一个教堂。试想我们面对着一个矗立在我们面前的单独的寺庙，所有的属性，包括尺寸、色彩和复杂性，都需要进行专门的评判。但是如果将这座寺庙放在一些小住宅的后面，它的尺度就能够通过两者的对比而立刻显示出来。寺庙不是很大，但却高高耸立。尺度的"大"和"高"是对相互关系的一种度量。

　　实际上，就像"建筑的艺术"一样，建筑群体之间也存在着"相互关系的艺术"。它的目的是将能够产生环境的所有元素，包括建筑物、树木、自然、水、交通、广告等等，采用某种戏剧化的方式编织在一起。因为城市是环境中一个具有戏剧化效果的场景。看看那些为促进城市运转而进行的相关研究：人口统计学家、社会学家、工程师、交通专家，等等；他们相互协作，将无数的因子组合成为可运转的、可实施的、健康的组织体系。这是一个巨大的人类事业。

然而，……如果最后城市的面貌是呆板、无趣以及没有灵魂的，那么我们的这项事业就没有达到目标，而且是失败的。就像燃料已经备好，却没有人往上点火一样。

我们需要摆脱这样的一种思想观念：那些我们寻求的、令人兴奋而且具有戏剧性的场景会自动地由科学研究产生，解决方案也将由技术人员（或者掌管技术思维那部分大脑）来完成。我们很自然地接受这样的解决方案，但并不完全受到它们的限制。实际上，我们不可能完全局限于此的原因在于科学的解决方案大部分是基于"通常情况"来进行的：普遍的人类行为，通常的气候状况，一般的安全要素，等等。这些通常的情况也无法给予特殊问题以必然的结论。可以这样说：它们仅是一些游离的因素，可能步调一致，同样也可能相互矛盾。其结果使得城镇可以采纳多种模式中的一种来进行操作，并获得同样的成功。这样，我们发现了科学解决方案中所具有的柔韧性，正是在这种"具有柔韧性的操作"中，"相互关系的艺术"得以体现。正如我们将要看到的那样，我们的目标并非为城镇或者环境规定一个特定的形式，而是采用一种更为谦虚的方法：仅仅在可承受的限度内进行操作。

这意味着我们从科学的态度中无法获得更多的帮助，我们必须转向其他的价值标准和社会准则。

我们转向人的视觉能力，因为人对环境的理解基本上全是通过视觉获得的。如果有人敲你的门，你开门让他进来，那么在一些情况下，也会有一阵风随之进入，这股风扫过房间，掀动窗帘并制造出一些混乱。视觉在一些方面也是如此；我们获得的视觉信息常常比我们预想的要多。为了解具体的时间而去看钟的同时，我们看到了墙纸、钟的红褐色木刻外壳、一只在钟面玻璃上爬行的苍蝇以及精巧而细长的剑状指针。塞尚（Cézanne）可能会以此为题材进行绘画。当然，视觉实际上不仅仅是有用，它也唤起了我们的记忆与体验，这些细腻的感触深藏在我们的心中，一旦被唤起，将使我们的脑海中泛起涟漪。正是这些并非我们主观要搜寻的、多余的信息，成为了本文中所关注的内容。因为，很明显，如果环境要能够引起人们的情绪反应，无论是下意识的还是有意识的，我们都需要从其产生的三种途径来加以理解：

1. 关于视觉。设想我们正走过这样的一个小镇：这里有一条笔直的道路，路边有一个院子。在院子的远端有另外一条道路向外延伸，稍微弯曲，最后到达一个纪念碑。通常情况下，当我们选择这条道路，映入我们眼帘的首先是那条街道。向前拐入院落的刹那间，新的景象展现在我们的眼前，这个景象在我们穿越院落的时候一直保持在我们视野中。离开院子，我们进入了那条远处的街道。同样，尽管我们用相同的速度前进，但一个新的景象还是突然间展现在我们的眼前。最后，随着道路弯曲，纪念碑进入了我们的视野。在这整个过程中最重要的是：虽然我们在步行穿越城镇的过程中一直保持了匀速，但城镇的景象却是跌宕起伏的。我们将它称为"序列场景"。

来分析一下这个现象意味着什么。我们最初的目标在于利用城镇中的各种元素，以此调动人们的感情。一条长长的直路产生的影响非常少，因为最初的景象很快在人们的心理上同化，并且越来越单调。人类的大脑对于事物间差异的对比能够有较强的反应，当不同的图画（如道路与院落）同时映入脑海的时候，人们能够体会到这种生动的对比，而城镇给人们的视觉感受也就更深。戏剧性地并列出现，可以使得感受变得生动。如果没有这样的对比，人们将对这样毫无特征而且呆板城镇视而不见。

对"序列场景"有一个更为深入的观察。尽管从科学或者商业的角度来看城镇是一个整体，但从视觉感受的角度，我们可以将其分为两类：现有的场景（existing view）和浮现的场景（emerging view）。一般情况下，视觉的感受是由系列串在一起的偶然事件组成的，而任何由相互链接的视觉所引起的对重要性的认知都具有偶然性。试想，如果我们将这种链接看作"相互关系的艺术"的一个分支，那么我们就找到了一个工具，人们可以利用这个工具来将城市铸造为一个连贯的戏剧作品。整个操作的过程可以将一些不被注意的内容变为能够感染人的场景。

2. 关于场所。这与我们的身体对所处环境中的位置所产生的反应有关。这一点看上去很简单，实际也是如此。它意味着，在你进入一个房间的过程中，你会对自己无声地说，"我在'它'的外面，我正在进入'它'，我在'它'的中间"。在这个层次的意识中，我们关注的是由于空间的开合而引起的一系列体验（如果这些空间达到的是极度恐怖的效果，那么它就会造成广场恐怖症和幽闭恐怖症者的出现）。将一个人置于一个 500 英尺（约 152 米——编者注）高的悬崖边上，他将有一个非常敏锐的位置感受，如果将其放在一个深邃的洞穴尽头，他会产生强烈的封闭感。

由于将自己的身体与环境联系起来是人类的本能和一种习惯，因此，对位置的感受不能被忽略；它是环境设计中一个重要的因素（就像摄影师需要对增加的一个光源进行认真的计算一样，无论它可能多么麻烦）。我愿意更进一步地说：我们应对这个因素进行开发利用。

这里有一个例子。假设你正在访问一个法国南部的山城。你沿着盘旋的公路费力地向上攀登，最后到达了山顶上一条很小的乡村街道上。你感到非常口渴，就来到一个附近的餐馆，你的饮料被服务员放在了餐馆的阳台上，当你走出建筑物到阳台上准备饮用时候，你将或者兴奋或者恐惧地发现：这个阳台悬挑在一个落差有 1000 英尺高的崖壁上。通过空间的抑制（街道）和特别的展示（悬臂结构），"高度"作为一个要素被戏剧化地凸显出来，并给人以真切的体验。

在一个城镇中，我们一般没有这样戏剧化的场景需要处理，但其中的一些原则还是可以被采纳的。举例来说，如果某个场景在普通的地平面之下能给人一种特有的情绪反应，那么在地平面之上必将产生另一种相对的结果。人们在隧道中会感受到一种约束感，而到了广场上则将有开阔的感觉，如果我们以一个移动的人（步行或者坐车）的观点来进行城镇设计，就很容易发现整个城市将如何成为一段可塑的经历，一段穿行在压力和空白中的旅程，一个围合与开敞、压迫与放松相奏鸣的序列。

基于人们对环境状况所产生的相同或者类似的体验，基于人们在街道或者院落中对自身正处于"它"里面、正在进入"它"的中间或是正在离开"它"的感觉，我们发现：每当我们把一个地方设为"这里"的时候，同时我们也自动地创造出了"那里"，因为你不可能在没有"那件事"的时候来强调"这件事"。一些最伟大的城镇景观效果，就是由于巧妙地创造了这两者之间的关系来达到的。在此我将以一个印度的例子——新德里从中央大街（Central Vista）到达印度总统府[1]的空间序列——来进行说明，本书导言正是在这里写作完成的。在这个序列中，由两幢秘书处办公大楼围合成了一个开口的庭院。在庭院的尽端，赫然矗立着印度总统府[1]。所有这些都高于周围的地平面，并由一个斜坡逐步导入。在斜坡的顶上、中轴线建筑物的前面，一道高高的围栏挡住了人们的步伐。整个布局就是这样的。从中央大街走过去的时候，我们可以看到完整的两幢秘书处办公大楼，但总统府被斜坡遮挡，仅仅露出建筑的上部。这种空间被切断的效果产生出一种孤立感与遥远的味道，建筑有一种排外的感觉。我们在"这里"，而总统府在"那里"。当我们爬上斜坡，总统府越来越多地显示出来。当我们到达了与总统府同样地平的时候，神奇的视觉高潮立刻呈现在我们的眼前。但在这里，那道围栏、那精巧的铁栏杆正插在中间，成为一道风景的屏障，再一次产生了 "这里"和"那里"分割的效果。这是一个鲜明的、也许是经过了煞费苦心的构思而产生的空间序列（详见第 4 页图片说明）。

3. 关于内容。在这最后的一个类别中，我们需要对城镇的构成进行分析，其中包括：色彩、肌理、尺度、风格、特征、个性和惟一性。现实情况下，由于多数的城镇都具有比较久远的历史，因此，城镇的构成就会通过建筑风格和

---

1 印度总统府，在本书的原文中为"Rashtrapathi Bhawan"，现多写作"Rashtrapati Bhavan"。原为英国殖民时代的总督府，印度 1947 年独立后改为总统府。译者注。

多种偶然的布局属性中表达出不同时代的信息来。许多的城镇的确表现出了这种混合的风格、材料和尺度。

然而，在我们思想的深处往往存在着这样的一种欲望：我们是否可以完全重新开始，将这堆大杂烩铲平，创造出全新的、高质量的、理想的城镇来呢？我们会创造出一个有秩序的场景、笔直的马路、高度与风格相互协调的建筑物。没有原来存在的建筑物的约束，我们将……创造出匀称、平衡、尽善尽美并且风格一致的城镇。毕竟，这是当前比较流行的、有关城镇规划的概念。

但是何为"风格一致"呢？让我们用一个比喻来对它进行分析。设想这样一个在私宅内举办的宴会，宴会上聚集了六个互不相识的人。宴会的前半截，大家有礼貌地相互交流，谈论一些普通的话题，如：天气和时事。递烟、点烟都非常谨慎。事实上，这是一种表演式的举止，显示的是一个人应该具有的行为举止，但也是非常令人厌烦的事情。这是"风格一致"的。但是，接下来的宴会中，大家逐步卸下自己的伪装，每个人的真实个性开始张扬。人们开始发现，X 小姐尖刻但是机智并且乐于助人，正好可以和单纯而精力充沛的 Y 先生形成很好的互补，等等。宴会变得越来越有趣。在可以容忍的限度内，"风格一致"让位于具有差异的行为之间的呼应。

"风格一致"，从规划者的角度来看是难以避免的，但要单纯为避免这种情况而处心积虑地人为创造出"多元化"来，则必然比最初的"无趣"还要糟糕。举例来说，现在有一个项目，要为 5000 人提供新的住房。所有的人都要同等对待，而他们要获得的也是相同的房子。那么，我们又该如何创造出其中的差异来呢？如果从更为宽广的视角来看，我们就会发现：热带住宅与温带住宅建筑截然不同，砖的产地的建筑与石材产地的建筑具有较大区别，宗教信仰与社会习惯也造就了建筑的千变万化。而当我们所观察的区域变小时，对"地方神灵"的感受一定要变得非常敏锐。今天的城镇建筑中有太多对此毫不敏感的类型，就像在需要用伸缩式来复枪的地方，我们依然依赖坦克和装甲车一样。

在一个通常可以接受的框架内——一个能够产生出易读的而非混乱效果的框架中——我们可以采用尺度与风格、肌理与色彩、特征与个性的细微变化，将其并置以获得集体的优势。实际上，大自然正是采取了这样的方法使它自身表达出并非"风格一致"，而是相互作用的"这"和"那"。

通过观察可以发现：当不同色彩之间能够有适当对比的时候，我们不仅能够从中感受到协调的美感，而且每种颜色也都得到了更为清晰的自我表达。在由柯罗[1]设计的某个景观作品中（我忘记了这个作品的名称），有一片基本上是

---

1 简·巴蒂斯特·卡米勒·柯罗，Jean-Baptiste Camille Corot，1796–1875 年，法国画家，因其意大利陆上风景素描而著名。译者注。

单一的暗绿色的景观，其中凸现出一个红色的图形。这几乎成为了我所见过的最红的东西。

统计数据是抽象的：当它们从完整的生活中抽象出来，然后再转换为规划，规划再转换为建筑的时候，它们就成为了没有生命的东西。最后的结果只是创造出了一些三维图解，而人们则被要求生活在其中。为开垦这样一片荒地，将其从一个徒步探险爱好者的天地变为一个人类的居住地，其困难主要在于如何实施、如何寻找到通往梦想城市的途径。我们已经发现了三条途径，包括运动、位置以及内容的途径。通过视觉的活动可以清楚地发现：运动不是规划中一个简单的、可用以度量的过程，它实际包含了两个方面：现有的场景和浮现的场景。我们发现，人类对自身在环境中所处的位置有一个持续的感知，他具有对场所感知的需要，而对本体的感知同时也包含了对环境中其他场所的感知。过度的统一扼杀了这种对场所的感知，而相互协调的差异性则能够带来生机。这样，统计数据和图解城市中所缺乏的东西被分为了两个部分：序列场景中的"这里"与"那里"，或者"这"与"那"。剩下的所有事情就是通过人们热情的、有力的、充满生气的想像力，将这些因素相互结合形成新的模式，这样，我们就创造出了人类的家园。

以上是本书所涉及的游戏理论，是相关的背景知识。事实上，这最困难的部分是前面的部分，"游戏的艺术（Art of Playing）"。因为在其他的游戏中，都存在着公认的从经验和先例中建立的、为取得优势而采取的策略和走子[1]的方法。在后面的章节中，本书试图以一系列的案例来从三个主要的角度探讨相关的走子之道。

1959 年于新德里

1　原文为 move，指在棋类游戏中移动棋子的位置。译者注。

1971年版导言

为本书的这一版写导言时，我发现10年前的原导言中所表达的态度没有多少需要修改的地方。

有人认为，新版的《简明城镇景观设计》应当以现代作品来作为实例，替换掉那些老的案例。这一点没有被采纳是由于以下两个原因。

首先，在战后的建筑中像大海捞针一样去寻找这样的案例非常不经济。然后，这引发了另一个问题，为什么会这样困难呢？这是因为，从我的观点来看，本书中所表达的最初的信息并未有效地为人们所接受。

我们目睹了一种采用护柱和鹅卵石进行的、肤浅的城市装饰风格的盛行，看到了通行自由的步行区域的出现，我们也看到了对自然保护的日益重视。

但这些与城镇景观都没有密切的关系。可悲的是，表面装饰成为了一种潮流；而精神的内涵，"环境游戏"本身，却依然深锁在它那只红色镀金的小盒子中。

在过去的10年间，情况实际上在恶化，原因如下：

当人类面对环境，所产生的陌生、震惊、丑陋或者无趣的感受因人而异。这并不是个新问题。问题是这一代人是否获得的比其应得的要多？答案是肯定的。那么理由呢？在我看来，这个理由在于变化的速度，快速的变化破坏了规划者与规划对象之间的正常联系。我们对这样的情况已经非常熟悉：越来越多的人口、越来越多的住房、越来越多的福利设施、越来越快的信息传递，以及新奇的建筑方法。

变化之快使环境的组织者难以静下心来，依靠原来的经验学会如何将堆过来的大量素材变得富于人性化，结果使得环境有些消化不良。伦敦正遭遇着这种消化不良。规划师，就像胃液，无法将匆忙吞下的所有大块的食物分解成为情绪上的营养。我们也许能够做许多我们的祖辈们无法做到的事情，但我们无法消化得比他们更快。这个过程，无论在胃里还是在大脑中，都受到人类自身条件的限制。因此，我们必须使得改变能够有组织地进行，使人类所能接受的尺度能够与发展的步伐相协调。

第一个变化是使环境艺术更加通俗化。其原理在于环境游戏是随着大众所付出的感情而得到提高的，而这正是现在的症结所在。其中的困惑在于：在大众的头脑中，行政管理的规划是枯燥无味的、技术性的、令人难以亲近的；而好的规划则被简单地认为是一条宽阔笔直的大道，路的两边栽满树荫浓密的树木，就是这些。恰恰相反！环境元素的组合方式是潜在的、最令我们兴奋的，

粗柱子让细柱子
通过的交界点

也是被广泛接受的快乐的源泉。如果没有意识到这双朴素的鞋才是一双真正的十项全能的鞋（ten-league boots），单纯抱怨它的丑陋是没有意义的。

这一点该如何解释呢？举例来说：当我写到此的时候，手边恰好有一个关于阿朗松（Alencon）附近的西斯大教堂（Sées cathedral）的例子。如前页所示。哥特建筑的营造者对解决建筑重量的问题即如何支撑顶部的结构——穹窿，并将其重量安全地传递到地下的问题非常着迷。在这座建筑中，重量被分成了两个部分。墙体由结实的圆柱支撑；而人们引以为豪的穹窿看上去则是由细得难以置信的柱子支撑，有如天堂与大地之间轻盈的重力的导体。墙是由人力支撑的，而这穹窿则显然是由天使的力量来托起的。"我知道重量，我很强壮"，"我超越了重量，我很轻"。"我们都源自于同一片土壤，我们彼此需要"。若干世纪以来，它们都恬静地、亲密无间地守候在一起。

当这种游戏或对话得到人们的理解后，整个场所就会变得亲切起来。这时候，那些无聊的事情，包括谁做了什么；是谁、在什么时候首先做的，都被推到一边。我们当然知道是谁完成了这样的杰作，因为他的眼中闪烁着光芒。

这就是环境的游戏，它发生在我们的周围。你会发现，我并没有讨论那些真正的价值，如：美丽、完善、艺术性和道德。我试图描述一种可以与人快乐交谈的、像普通人的闲聊一样的环境。在我们的世界中，除了少数高尚的实例外，在进行系统建设方面，到处是外强中干的、花哨的情况。只有当环境与人的对话开始时，人们才会驻足聆听。

等到将来有一天，人们在街上看到规划师就像今天见到足球队员和流行歌手那样，会将他们的帽子抛上天去的时候（其中嘲笑的数量是对你的过失的衡量），对以下两个部分的调整就成为必须。

第一，对环境进行分流。要捍卫一个整体的规律是非常困难的，但要对一些特殊事物进行保护则相对容易。将环境分解成为若干的要素，生态学家就可以致力于捍卫他的国家公园，地方政府可以保护绿带，考古学家可以专注于（历史文物的）保护区，等等。这种做法早已采用了。

第二，确定这些分支的时间尺度。变化，即使看得出是变得更好的，也经常受到人们的憎恶。延续性是城市的一种优良品质。因此，一个致力于发展的规划允许在一个重要的保护区域进行建设时，人们会希望将建造的时间向后延续10年，甚至20年。无需改善涉及本身，只要将过程放缓就可以了。在皮卡迪利广场（Piccadilly Circus），虽然有些勉强，但这种情况也已经发生了。

但是，主要的努力还是为了环境的创造者能够与他们的公众不是以某种民主的方式而是在情感上得到沟通。正如伟大的马克斯·米勒（Max Miller）在一个阴暗的晚上穿过一排地灯时曾经说起的那样："我知道你在那边，我可以听到你的呼吸"。

案例参考

序列场景 (Serial Vision)

以相同的速度从平面的这头走到那头，将顺序出现左边系列图片中绘制的场景（从左往右看）。平面图中的每个箭头将对应一幅画。通过系列的突然对比，人们的眼球受到了冲击，连贯的行进过程变得不凡，给这个平面带来了生命（就像轻轻推醒一个在教堂中将要睡去的人）。我的这些绘画与这个场所本身相去甚远；我选择它的原因是由于它是一个能够引发人们想像的平面。请注意这里面直线排列的轻微偏差和平面上凹凸的微小变化，这些微小的变化在三维空间中却产生了很大的影响。

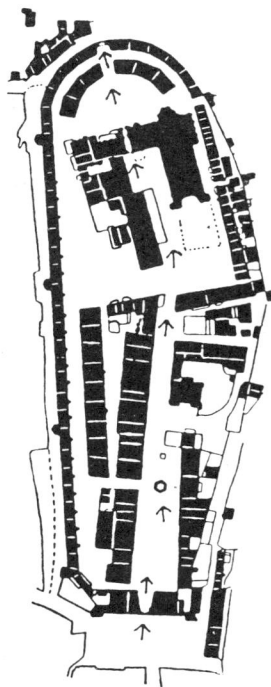

牛津

伊普斯威奇[1]

1

2

3　4

1　伊普斯威奇，Ipswich，英格兰东部靠近北海的一个自治市，位于伦敦东北部。
　　从 7 世纪到 12 世纪是一个商业和陶瓷制造业中心，16 世纪后在羊毛贸易中占
　　有重要地位。译者注。

威斯敏斯特 [1]

1

2

3

4

5

6

这三组场景，牛津、伊普斯威奇，以及威斯敏斯特，试图用这样有限的静态印刷页面，让读者从中体会到我们走过这个城镇时所感受到的探索的欲望和戏剧化的感觉。在牛津，图1中的立方体建筑、图3中的圆鼓状建筑和图4中的圆锥形创造出了立体几何的戏剧性演变。从中显示出一种神秘感。而当你越来越迫近该建筑物时，这种感觉就越来越强烈。在伊普斯威奇，一个适度的拱门将场景分成了两个部分：你所处的街道和拱门那边的空间。进入拱门，你就从一个场景中进入了另外一个场景。在威斯敏斯特，塔、尖顶，以及桅杆在变化中相互作用着，它们构成错综复杂的队列与群体组合，那高耸塔尖和忽又聚合的垂直线条，形成了戏剧化的集结。这些场景对其中穿行的人来说是一种视觉享受，但只有留心观察者才能有这样的体会。

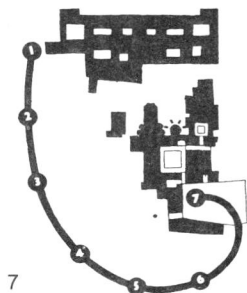

7

威斯敏斯特的平面，图中编号为视点位置

1 威斯敏斯特，Westminster，英格兰东南部大伦敦的一个市区，位于泰晤士河岸。它包括英国政府的主要官邸，以及如威斯敏斯特教堂和白金汉宫等有名的建筑物。译者注。

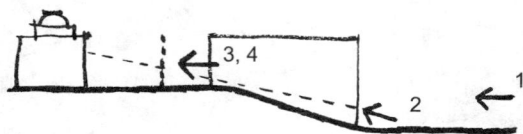

新德里的场景序列强化了地面标高和屏障设置在序列场景中的重要性（按从左向右顺序读图）。如果不是这些元素，这里的图片就将是几乎完全相同的重复，只是每个场景都将前一个场景的中心放大，离尽端的建筑物越来越近而已；但有了地面标高和屏障结果，使得这四张图展示出来的是区别明显而且特点鲜明的不同场景（详见导言部分的表述）。

场所（Place）

占据（Possession）

从单纯的概念上看，道路是用来行走的，而建筑物则是为了交往和商业目的。但由于绝大多数人都喜欢随心所欲地做事，我们发现室外空间也往往因社交和商业目的而被人们占用。占用某些领域、占据优势位置、修建围栏、用焦点进行空间统领、室内景观，等等，都是不同的占据形式，接下来的 7 页中将说明这一点。

领域占用（Occupied territory）（对页图）

荫凉、有庇护、舒适、方便是导致人们占用空间的通常条件。通过永久的标记来对这样的空间进行强调，能够在城镇中创造出形式不同的利用方式，这样，室外空间不仅没有流动和不断变化，反而成为了更为静态的、被占用的环境。就像对页的图片中显示的那样，通过地面环境的方法，这种暂时的空间占用（在教堂后面聊天？）成为了城镇模式中的有机组成部分。可用于占用的空间的装置包括了地面铺装、标杆、遮篷、半围合结构、焦点和围栏。尽管所占有的空间数量不大，但它将因为这些装置的存在而存在，给城镇带来了亲切的人情味，就像窗上的百叶，即便没有太阳的时候，也能够为建筑物增添质感和尺度感。

运动中的占用（Possession in movement）

但是，静态的占用只是人们利用室外空间的一种形式，下一步需要考虑的是运动中对空间的占有。在所附的插图中，教堂边的步行道是一个很明确的空间，它具有明确的起点和终点，也同样具有鲜明的特征；当人们在上面通过的时候，这个空间肯定就会被占用，这就像村庄中耶稣受难的十字架会因为一个村民坐在它的台阶上而被占用一样。

优势位置（Advantage）

同样，一些具备了某种优势的范围也可以被人们占有；沿着桥的栏杆一线，因为人们可以直接欣赏风景，这样的位置就成为了被占据的优势位置［参看第95页的"生活的线索（line of life）"部分］。

黏滞性空间（Viscosity）

当静态的占用和运动中的占用相结合的时候，我们发现了一个可被称为"黏滞性"的空间，人们可以扎堆闲聊、慢慢地浏览橱窗购物，有人会在此卖报、卖花等等。悬挂着的遮阳帘、由柱廊围合出的灰空间，以及蜿蜒曲折的街道特征为人们带来了一个与下图形成鲜明对比的严格意义上的场景。在下图中，这种直通的、不友好的环境强调的是内外的分割。

半围合（Enclaves）

半围合的空间，或者说是向室外开敞的，并有自由而且直接的通路从一处到达另一处的室内空间，在这里被看作是一个在主要的交通流之外的亲切的场所，是回荡着脚步声的光线柔和的空间。远离了交通的喧闹，这样的空间还可以为人们提供一个安全而充满力量的位置来居高临下地观赏景色。

围合（Enclosure）

围合空间是步行和车行两极的终结。它是区域模式的最小的单元。在围合空间的外面，是冷漠的来往车流的喧嚣和速度，但却不具其场所的特性；在围合空间的里面，是广场、方庭和院落的安静和宜人的尺度。这是汽车交通的最后产物，是交通要带你去的空间。没有围合空间，交通也就毫无意义可言。

焦点 (Focal point)

　　作为人为占用空间的形式，与围合空间（空心的实体）成对的是空间中的焦点，一种垂直的聚合的标志物。在城市和乡村的繁荣的街道和市场中，焦点使得空间的相对位置更加明确，它证实了"这就是那个地方"，"不用找了！它就在这里"。这种极好的清晰性为许多社区增添了光彩。但在许多其他的地方，焦点的主要功能却被环绕着它的危险的交通给破坏掉了，这样的标志物最后只能成为考古文献所记载的一条无关紧要的信息而已。

范围（Precincts）

从左边这张精彩的图片中，我们可以看到整个城市的过去的、在某种程度上也是今天的模式。里面是建设密度较大的步行城区，有一些围合的空间、一些很可能是黏滞性的空间、空间焦点，以及半围合空间。外面有供小汽车和货车使用的高速路，有铁路，还有轮船，它们的存在是为整个区域服务的，也使得整个区域充满了活力。这是最清晰的传统模式。下面这张小的照片表现的则是相关要素极度混乱的状况，住宅和交通的混杂使得无论是步行者还是机动车交通都缺乏其应有的特点。

室内景观和室外房间
(Indoor landscape and outdoor room)

这是一个分水岭。在此之前，我们曾经陈述了环境作为被占用的领域能够为人们合理的社交和商业需要提供服务，并由交通线路来作为支持。这种做法出现了一个很自然的结果：如果室外空间被占用了，那么占用者会试图将这里的景观更加人性化，就像他们在室内做的那样。从这一点说，我们会发现两者之间所存在的差别不大，无论是室内景观还是室外房间都很有意义。在上图中，我们可以看到带有图案的铺地（地面景观）以及拱廊。上面是一个建筑物，一个人在其中生活，顶上横跨着穹隆。图的右边，一条林荫道一直延续到远处的小山。这张表达室内的图片显示出了室外景观的空间特性。在下图中，室外的餐桌被放置到了一起，上面有照射的顶灯，国会大厦就像壁炉前的装饰模型一样坐落在不远处。

我们无法退缩。如果室外的空间需要拓展，仅仅有建筑物是不够的。室外空间不是一个仅供个人建筑作品展示的地方，就像画廊中展示图片那样，它是一个为完整的人而提供的环境，它需要满足人们静态或动态的需要。人们需要的不只是一个画廊，他需要周边的各种元素，地面、天空、建筑、树木和地平面，在艺术的安排下都能够发挥出戏剧性的效果。

室外房间与围合空间
(The outdoor room and enclosure)

　　在案例部分的这节中，我们关注的是人们对位置的感受，他们对环境的无声的反应可以大概表达为"我在'它'的中间、上面或下面，我在'它'外面，我被圈起来了，或被暴露在外"。这些感受基本上是与人类的行为有连锁反应的，它们的病态表现就是幽闭恐惧症和广场恐怖症。围合空间和室外房间可能是所有手段中能够最有力、最明显地渗透对位置的感知，并与周围环境取得一致的方法。它体现了"这里(HERENESS)"的概念(这个概念在接下来的5页中将融入多重围合、空间、向外观望等内容)。在波尔多[1]的一个广场上有两个出入口，上图中为如何保持空间的围合，或如何使得"这里"的感觉渗透到距离较远的地方提供了一个实物的示范。左图为一个近乎完美的、具有"三维壁纸"的室外房间的案例。

1　波尔多，Bordeaux，法国西南部城市，位于加龙河畔。从1154年到1453年由英国统治，1914年和1940年为法国政府所在地。波尔多是一个贸易中心，该地区是著名的葡萄酒生产区域。

多重围合（Multiple enclosure）

简单的围合是向空间多样化迈出的一步，这种多样化源自富于创造力的围合方式。左图显示的是两个庭院，我们身处其中一个，另一个则由三个层次的围合——回廊，分隔在那头。这样，三个相互独立的围合就组合成了一个互相穿插的整体。

阻挡建筑（Block house）

动态的流动曲线因为一个矩形的建筑而中止，这个建筑物阻在出口，为闭合与流动带来了暂时的平衡。它没有实际阻止交通流和人流，但却扮演了标点或终止的角色（参见第29～31页）。

模糊空间 (Insubstantial space)

通过屏风、镜子或造成错觉来消融围合的墙面实体，一种难以捉摸的空间就产生了。当人们逐渐走近这里时，会产生一种遥远的视觉感受。这种场所感并不是完全由围合的墙面产生的，它就像一种香气，弥漫在某个特别的空间中。这或许是对这种情感力量的最精确的表达。这里给出的两个例子，一个是伦敦的豪华大酒店，另一个是牛津的牛津博物馆。对此不用作太多的解释。但需要强调的是：在这个博物馆中，这种具有启发性的结构增添了整体空间的渗透感。

限定空间 (Defining space)

有时，我们会惊讶于产生一种围合感或场所感的方法是如此微妙。细得如铅笔线条般的一根连接墙与墙之间的金属线，头顶上一块张紧的方形帆布（都能够使我们产生一定的场所感）。在昌迪加尔，我看到了一个贫民窟，或者说是一些茅草顶的土坯房，位于一片平原上三棵大树的荫庇之下。由这三棵树围合而成的空间成为了这个小社区的社会空间。在这些有关法国里维埃拉 [1] 和英国节（Festival of Britain）举办中的餐馆的照片中，我们可以从中了解如何利用竹子来形成围合感与场所感，以及如何能够在展示远处空间的同时创造出内部空间的吸引力。

---

1 里维埃拉，Riviera，法国东南部和意大利西北部沿地中海的假日旅游胜地，位于阿尔卑斯山脉与地中海之间。里维埃拉在法国又被称为达祖角，以其生长用于出口和制造香水的花而闻名。译者注。

从围合空间向外观望
(Looking out of enclosure)

当对一个场所认同的感觉——"这里"的意识建立起来时，由于这种感觉明显不可能单独成立，人们必然会自动地产生一个"那里"的意识。正是在对这两种不同性质的处理中，空间关系的戏剧才得以上演。这里的两个案例说明了人们对此的最基本反应；在巴斯[1]（左图），远处的视野就像另一维特殊存在空间。在瑞典，这个花园中的树与围墙外的树具有不同的野趣。墙外的树在"那里"。

---

1 巴斯，Bath，英格兰西南部的一座市镇。以其乔治王朝的建筑和温泉而著名。这些温泉是公元1世纪古罗马人开凿的。译者注。

那里 (Thereness)

这两张照片试图用来分析"那里"的特性。这种充满诗意的感觉永远存在于我们无法能到达的地方，它永远在"那里"。在奥尔德堡[1]的海堤上，投射着房屋的影子，充满了温暖与快乐。远处是无边的天际。在苏格兰的乡野，一道路边的矮墙像一条细的白线一样不断向前延伸，由于它所具有的涵义（可能的旅行路线），使得遥远的距离变得充满人情味，将我们引向郊野之中。

1　奥尔德堡，Aldeburgh，英国萨福克郡的一个城市，那里因 1948 年以来的每年一度的音乐节（Aldeburgh Festival）而著名。译者注。

这里和那里（Here and there）

　　有关"相互关系"（包括突出显示、标高变化、远景、狭窄、闭合等方面）的第一个类型涉及的是已知的"这里"和已知的"那里"之间的相互影响。第二个类型，从第33页开始，将涉及已知的"这里"和未知的"那里"。

　　上图为纳什（Nash）设计的摄政公园（Regent's Park）门廊，这个具有分割作用的拱门为本已非常简单的构图添加了灵动与成熟的韵律。由于这个过高的拱门的引导，我们的眼光从这个朴素的庭院移到了这个华丽的主立面上来。为强化整个效果，建筑师采用的是不同构图部分之间相互对比的方法。下图是霍克斯摩尔（Hawksmoor）为剑桥所做的规划中，从圣玛丽教堂（Great St Mary's）沿改良后的三圣街（Trinity Street）看过去的视觉效果。这里，我们从霍克斯摩尔的大广场来张望另一个空间，这个空间的个性、方向与特征都由其中的两个纪念碑进行了明确的表达。与霍克斯摩尔的规划不同，今天，这条街道静静地在参议院议厅（Senate House）前拐了一个弯，谦虚地转折开了。（讨论这点的意思不是为了在两者之间做一个选择，仅仅是为了说明霍克斯摩尔规划中的视觉影响效果。）

在这个康沃尔郡[1]的住宅案例中,在排列着树木的道路和倾斜的、路肩之后部分隐藏的住宅之间,有一条线形的缓冲带。将这种方式与典型的沿着路边进行的、房屋直接面街的住宅开发方式相对比,它的优势是非常明显的。因为不仅仅是建筑物与道路分开了,而且它们在视觉上也相互分离开来。道路成为了一个景观的元素,而住宅则成为了另外一种非常不同的元素,在这个方面,它们恰恰又是相互关联的。

从外部向围合空间内观望
(Looking into enclosure)

任何空间的占用,要么需要我们身体力行,要么是通过我们的想像进行。这张图片使我们的眼光落到了一个雕刻出来的小型石头建筑中(在巴伦西亚[2]),这个建筑物给这片不友好的灰色添加了一些温暖的色彩,成为了整个区域中的兴趣点。柱廊、阳台和台地都具有这种感染力,它引导着我们向其张望。

---

1 康沃尔郡,Cornwall,英格兰西南端的一个地区,位于一座由大西洋和英吉利海峡环绕的半岛上。此地的锡和铜在古希腊商人中很有名。译者注。

2 巴伦西亚,Valencia,西班牙东部位于巴伦西亚海峡上的一座城市,是地中海的一个宽阔的入口,早期由伊比利亚人定居于此,于公元后413年和714年分别被西哥特人和摩尔人所占领。译者注。

突出显示 （Pinpointing）

这个建筑结构上部的光束将我们的注意力向外、向上引导。这个普通的地方有什么特别的东西吗？至少，它将我们的视线从我们的鞋尖上转移开了。通过光线和手指的指点，这些最普通的方法都可以引起我们对一种东西的与众不同的感觉。这种感觉不是源自被指的东西本身，而是源于指的这种行为。

切断 （Truncation）

前景阻断了背景，那么正常的、直来直去的空间进深就被打乱了。站在与原来相同的平面上往后退，眼前出现的不是建筑完整的正视图，而前景插入的感觉被加强。从人的站立处到建筑物之间产生了一个由地面的插入而造成的跳跃的、忽然的视觉中断。插入的地面（上面有一些帮助人们感受空间进深的物体）被视觉过滤，因此前景和远景被戏剧化地并置在一起。在这种情况下，个人和远处的物体之间的景色没有随着距离的增大而逐步过渡，其效果是近景与远景

之间的巧妙并置。这里有两个关于削截的案例，凡尔赛宫和荷兰的一条街道，足以说明这种近景与远景相邻的吸引力。这些案例中的相似之处在于建筑物与观察者之间由一个没有特色的平面分隔开来，形成了一个空白的、无法吸引眼球的延展面，就像从詹姆斯公园（St James's Park）看骑兵团广场（Horse Guards），或是隔着宽阔的湖面看昌迪加尔的最高法院一样。

标高变化（Change of level）

任何关于人们对所处位置产生的情绪反应的话题，都离不开地面标高的内容。低的地方会产生亲密、低下、围合以及幽闭的感觉；高的地方则给人以愉快、统领、优越、暴露和眩晕的感受；从上往下走意味着向下走到一个已知的地方；从下往上走则带有一种向上去一个未知领域的暗示。间隔一个深沟的两个同样的水平面之间有一种特殊的对应关系，距离很近但却感觉遥远；而对标高的功能性利用可以连接或者区分各种道路使用者的活动。这张图片显示了利物浦大教堂下的墓地，这里，一条安静的散步道在厚重的墙壁和钟塔下蜿蜒而行。

框景网格（Netting）

就像"削截"一样，框景网格也是一种使得近景与远景联系在一起的方法。同拿着一张认真处理的网可以捕捉到远处的蝴蝶一样，通过建立框景网格的行为，可以使景物特殊化，或使得一些细节引起我们的注意从而使我们更加仔细地观察，这样就将远处的景物引入了我们所处环境的气氛中。运用这种方法时可根据需要进行取舍，把远处的土地和城镇景观明显地带入到我们的生活中来。我们完全可以设想这样的场景：用摄政大街（Regent Street）中那样的拱门来形成的框景网格，将约克公爵柱（Duke of York's column）和后面威斯敏斯特的塔的整个景观引入人们的眼皮之下。这与类似的案例都包含一个核心的问题：环境是一个整体，所有的这些装置都是将这个整体的各个部分联系起来的一种艺术，它们使整个环境具有一种精彩的风格，而不让其保持那种相互脱节的、小气的混沌状态。

上图中的案例显示了由于框景网格的存在，霍伍[1]的海滨景色成为了一幅美丽壁画；下图是一个意大利的寓言场景，其中框景网内出现的船只暗示着问题的发生。

---

1 霍伍市，Hove，英格兰东南部的一自治市，濒临英吉利海峡而位于布赖顿西部，是一个适于居住的海滨胜地。译者注。

轮廓线（Silhouette）

轮廓线对于一些古典的精美而高尚的案例，如牛津的景色来说具有很高的价值，但即便是在这个完美的例子中，轮廓线潜在的意义却依然需要人们去发掘。今天，我们都已经对混凝土楼宇建筑强硬的屋顶线非常熟悉，这种生硬的线条无情地将环境分割成为地面上的建筑和空旷的天空。而那些充满了装饰线条、复杂而精致的金银细丝工艺，以及透雕装饰的屋脊檐口却起到了与天空交融的作用。当建筑物高耸入蓝色的苍穹时，它也将捕获天空的景色，并将其带入到建筑。这种与天际相融的能力在英国多雾的气候条件下特别有价值。这里所显示的例子中，左下图为柯布西耶的屋顶结构，左边中间的图是金色小路（Golden Lane）的一个建筑，这两者在一定程度上是传统的细致、精美的屋檐的现代版本，试图将天空揽过来。相比起右上图的圣马丁高地路（Upper St Martin's Lane）上的办公楼来，这样的设计更加完整。

壮美景色（Grandiose vista）

　　在用来开拓"这里"和"那里"的策略中，远景当然是最常见的一种。壮美的远景正是苏格兰的白石灰墙所力图达到的效果（参见第18页），但却是一种昂贵的方式。左图的场景将你从凡尔赛的前景中引至遥远的景观中，并产生了一种力量和无所不在的感觉。

远景屏蔽（Screened vista）

　　通常情况下，这种做法会由于植物的遮挡而使得"这里"的感觉加强，外面的世界相应地变得遥远。

对距离的等分产生了不同的视角

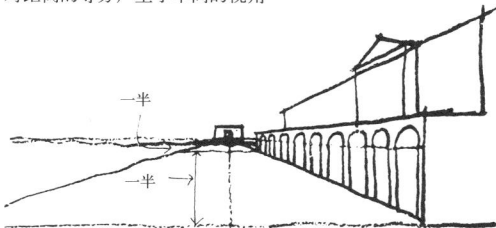

建筑虽然只延续到一半，但从效果上来看，却已经几乎达到了终点

对视角的等分，使得转变的点距离观察者更近

空间划分（Division of space）

　　思考远景或是任何线性的延伸空间时可以发现一个有趣的现象：视觉对一条线进行的"这里"和"那里"的分割应当以平分视角的方式来进行，而不是将这条线的长度进行等分。上面的图解说明了这一点。

继续远景屏蔽的话题。从切普赛街[1]来看圣保罗教堂的案例，使用植物来遮挡景物，直到人们穿过树林的一刹那间，教堂的高墙在很近的街区出现，而教堂的穹顶几乎就在垂直的头顶上方。这种在近距离内的戏剧化的效果只有在景物被遮挡的时候才可能出现。

大方的姿态 (Handsome gesture)

考虑到很多的城市景观都是由安静的街道、简单的一潭死水、乏味而且平常的环境构成的，对此，也许完全采用本地的特色是一个有效的方法，就像这个朴素的小场景中表现的那样。对金字招牌的良好展示使这条狭窄的小街蓬荜生辉。

1　切普赛街，Cheapside，英国伦敦市的街区。是中世纪时伦敦的贸易中心和美人鱼酒店，即伊丽莎白时期诗人和剧作家的聚会场所。

封闭的街景（Closed vista）

在传统的美术（Beaux Arts）[1]中，封闭的街景也许是其中最惯用的策略了。它将一个建筑物放在下面，然后使得你退后几步来瞻仰它。这是一种并不是很有机的、纯建筑学的态度，但街景封闭的手法也可以进行无限的变化。这里所举的特别的例子是笔者为利物浦大教堂区域发展所绘制的草图，在这里，远处的景致完全被巨大的塔遮挡——但这个场景却由于处于黑色阴影中的、充满了神秘感的教堂的大拱门而充满了生气。

偏转（Deflection）

对封闭的街景进行的一种变化就是偏转，其中，目标建筑物与正常的角度发生了偏移，引发了一种期待，然而这样的做法带有某种目的，即：在现在无法看到的那条街道的底端有某个特殊的场所，眼前的建筑物与那个场所相互结合成为了一体。封闭的街景的变化并不一定都是这样，但偏转确实能够使人浮想联翩。

1 Beaux Arts，译成中文就是"美术"，在建筑中，Beaux Arts 更多的是指那种包含了柱式、柱廊、宏伟序列和轴线，以及布置了雕像的那种风格的建筑形式。译者注。

凹凸 (Projection and recession)

这条位于拉伊（Rye）的街道显示了道路两边立面凹凸的建筑物所产生的吸引力。对那种两边建筑立面笔直的街道，人们往往只是报以简单一瞥就不再多看；而在这样丰富的街道中漫步，人们的目光会被旁边丰富的景象所吸引，在脑海中产生一种宁静，或与这种情况相适宜的、适于居住的印象。这样的街道是居住的街道，而不是一条流动的交通线路。

偶景（Incident）

街道上的偶景——塔、钟楼、具有特色的轮廓线、鲜艳的色彩，等等——具有吸引眼球的价值，人们的目光被偶景牢牢抓住，不再顾及那些远处的乏味的景观。对偶景的巧妙设置，可以起到对街道或场所中的基本形状进行突出显示的作用，引起了人们的注意。很多的地方不是没有风格，但当务之急是应当把人们的注意力吸引到那里。我认为，正是因为缺少偶景，使得许多精心设计的规划难以在三维空间中融入人们的生活。

标点符号（Punctuation）

如果将景观看成一个包含了主语和谓语的完整句子，那么运用标点符号就可以使得这个句子的成分更加明晰。就像这张图中所表示的那样，在这条街道连续的叙述中，场所与场所之间具有功能和形式的不同，需要通过某种标识来进行表示。例如，这个教堂作为一个特别的建筑物，使笔直的街道为之拐了一个弯，在这样结束了一个短句并暗含了下一个短句的时候，一个顿号产生了。

狭窄（Narrows）

拥挤的建筑物会使人产生一种压迫感、产生不可避免的对建筑细部的接触。这与开敞的柱廊、广场或者步行区域形成了鲜明对比。利用这种狭窄的效果，可以保持空间具有围合的感觉而不影响车辆和人流的通行。这样，将城市连接起来，形成由清晰的、轮廓鲜明的各部分组合成的整体就成为可能。由于其引起的一种奇特的压抑感和压迫感，适当的狭窄可以对步行区域产生限定的效果。

波动（Fluctuation）

在人群的往来穿梭中，城镇作为一个人们居住的地方，其空间的形式对人们的情绪有着直接的影响，这在本书的前面部分已经提到。要合理地将所有的这些空间都运用到街道或者更糟糕的格网式街道中，这似乎有悖于人们的天性，还颂扬了一种根本上不符合逻辑的、不是来自城镇本身所拥有的特性的系统。典型的城镇不应该是由街道构成的图案，而是由建筑产生的序列空间。本图所显示的阿宾顿[1]（Abingdon）街景的宽窄变化暗含了这样的概念，通过由宽到窄、再往外走到一个新的空间的过程，加深了我们对于位置的感受。

波浪（Undulation）

波浪不是一条没有目的的扭动的线条；它是一种强制性地与某个看不到的轴线或准则分离的举措，它的动机是在光影变化（与单调的色彩相反），或远近距离的变化（与平行相反）中，获得快乐和基本的生活体验，它就像是树叶在风中上下颤动，就像用多种不同的方式来表达同样的思想一样。而究竟采用怎样的形式，则需要对具体的条件下的可能性加以论证。

1　阿宾顿，位于英国牛津郡的一座城市，早在青铜器时代就已有原始人类的聚居。阿宾顿在罗马时期发展繁荣，后被撒克逊人（在6世纪曾征服英国部分地区的西日耳曼人）占领，城内至今依然保留了许多文物古迹。译者注。

隔断（Closure）

在围合的空间中，人眼所能感受到的完全是周围存在的事物。这种反应是静态的：当人一旦进入了一个围合的空间，在穿过该空间的整个过程中所能够看到的景色都是一样的，直到走出这个空间一个新的景象才会再浮现在其面前。而隔断是在街道中产生一个停顿却并不阻隔人们对远处的视觉序列的感受的做法，正如英国白金汉郡（Buckingham）的例子中显示的那样。研究法国村庄中的广告设置，你可能会了解到采用悬挂方式的意义所在。

后退 （Recession）

在那些常常会遇到的、由于某种特殊的原因而没有形成透视效果的场合，后退是可以采取的一种艺术方法。透视的规律也许是永恒的，也许一个物体距离越远，它看上去也确实就越遥远。但如果我们了解了后退的艺术，我们就不会把这种感觉认为是理所当然的。例如，从这张设菲尔德 （Sheffield） 的照片中，我们看到的是两个建筑，轮流用手盖住一个建筑，会感到那个深色的建筑物比那幢浅色的建筑距离我们更加遥远。这是由于两者之间的尺度所造成的，通过对尺度的处理，人们可以明显地使得空间放大或者缩小。（采用这样的原理，为了造成建筑物比其实际更高的感觉，可以通过将建筑物上的人物雕塑缩得比实际的人要小的方法。）在下图的詹姆斯公园 （St James's Park） 的案例中，水面后退的效果来自于对小岛后面的湖真实边界的隐藏，它使我们感到一种神秘感，而不是平淡无奇的景象。

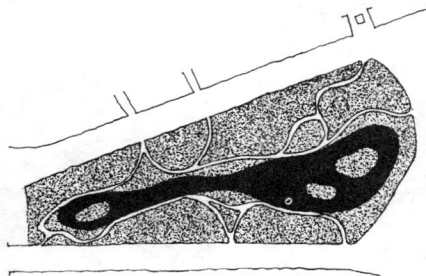

期待（Anticipation）

现在，让我们转到有关"这里"和"那里"的其他方面，其中，"这里"是已知的，而远处却是未知、无限和神秘的，或者隐藏在一个黑色的无底洞中。

在这些案例中，首先要谈的是"期待"。这两张照片很明显地引起了人们对走到街道尽端将要出现的景象的好奇。

无限（Infinity）

天空与无限是两个不同的概念，天空是我们所能看到的，就像下图这张平利科（Pimlico）的照片所显示的那样；而无限则是非常不同的东西。我认为，有两种方法可以使得天空的孤独和广阔更具有人性化。首先，采用削截的方法，将中间的距离砍掉，把人所处的位置直接与天空并置，这种做法更通常的言外之意是采用某种方式把不相关的一些因素摒弃，使得深层次的品质显示出来，就像左边的这两张照片给我们的感觉一样。

其次，我们可以考虑人们所期望的行走路线，以及人们对他们可以行走的地方的大致估计。用天空来代替道路将产生一种震撼的效果，使天空变成了无限。

神秘（Mystery）

从这个繁忙世界中的一条平常的小路上，我们发现了城市中的未知与神秘，任何事情都有可能发生或者存在，高尚的或是卑鄙的，智慧的或是愚蠢的。这不是威斯莎威（Withenshawe）所特有的。

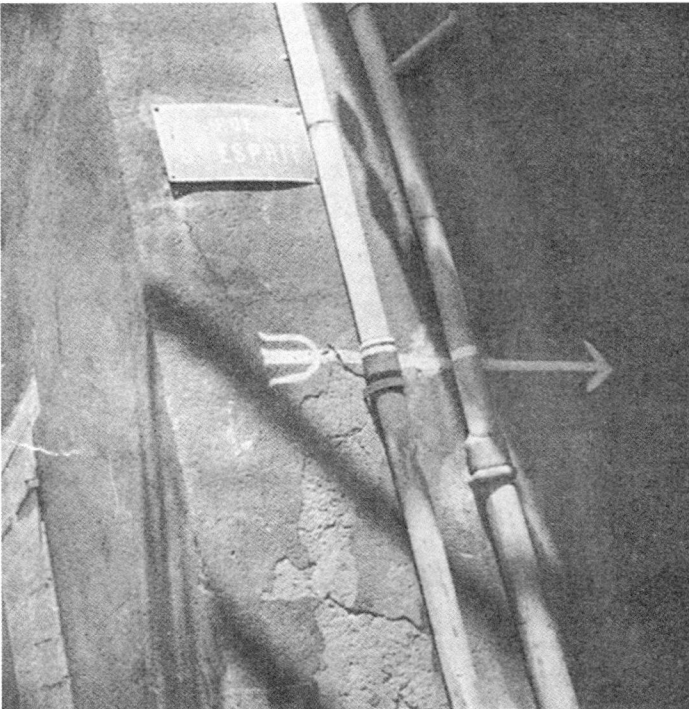

无底洞（The maw）

就像一个巨大的、有无限耐心的动物，这黑色的、一动不动的、安静的无底洞口观察着人们在阳光下若无其事地来来往往。这是由这种完全的黑色而产生的"未知"感。

联系与结合：地面
(Linking and joining：the floor)

下面我们将要关注的是联系与结合，这在前面的框景网格部分中已有所涉及。今天的环境已经被分割得支离破碎：相互独立的住宅、相互分离的树木、彼此无关的街区，像用一只手指在钢琴上弹奏出来的相互之间完全没有关系的音符。本书的目的在于将环境的不同部分组合在一起，来产生一种戏剧化的关系，这样，同一个音符可以多次使用，但最终形成的是连贯的和弦与乐章。整个这本书采用的同样也是一系列相互联系与结合的序列案例。而在这一节中，我们关注的只是最简单的形式：地面、步行道和障碍物。

具有丰富的纹理和色彩的建筑物矗立在地面上，如果地面是光滑而平坦的灰色沥青碎石路面，那么建筑物与地面之间依然是相互分离的，因为地面没有像建筑那样吸引人们的眼球。能够使得整个城镇统一连续的最有力的媒介就是地面，正如这两幅图所强烈显示的那样。

步行道（Pedestrian ways）

步行道路网用一种灵活的方式将城镇中的不同场所联系在了一起：通过台阶、桥梁和有特色的地面铺装图案，或者是能够起到连贯和通达作用的各种可能的途径。虽然机动车道路无情地洗刷着城市的人情味；但顽强的、轻松愉快的步行道路网却依然创造出了人性化的城市。有时候，步行道表现得纷繁而外向，它与机动车大路并行，或是商店、办公楼林立；有时候，它又显得十分内向而幽静。但无论如何，步行道必须是一个相互连通的整体。

连贯性（Continuity）

　　这一案例来自谢普顿·马莱特（Shepton Mallet）。它显示了通过一条步行小路，将开放的乡村和城市中心直接连接在一起的简单方法。请按照从左向右的顺序看图。

障碍（Hazards）

在联系与结合的过程中产生了这样一个问题：虽然将"这里"和"那里"联系可能会产生良好的视觉效果，但这对于不希望人和牲畜在其中随意走动的场地管理者来说却不是很合适。这样的情况可以采用设置障碍的办法。我们的图表中显示了四种不同的障碍：围栏、水体、植物和标高变化。这些方法都保证了视觉的连通而防止了人们的进入。人们最熟悉的障碍物也许当数矮墙或者隐蔽的壕沟了。从乡绅家的窗户向外看，绿色的景观并没有被打断，但又可以防止牲畜进入到自家的花园中。下图是一个英国节中的例子，显示了如何利用水体围合出一个就餐的区域。

内容（Content）

分类（The categories）

在这一部分，我们要关注的是环境各种不同细分部分的内在特性，并从大的景观类型开始我们的分析，其中包括：大都市、城镇、世外桃源（arcadia）、公园、工业区、耕地，以及荒野等等。这些都是一些传统的类型，但并不一定会继续按照我们对它的认识而存在。另外，无论未来如何，有一点是可以肯定的，那就是要进行分类的原则是不变的；因为各种事物之间如果没有区别，我们得到的一切就像是一锅粥，只能通过保证不把它吐出来才能够维持生存。当前，由私人交通和公共交通造成的变化，使得旧的格局被打破。由于建设密度过大，汽车难以进入，城市中心正趋于衰亡；由于各种通信手段的发展，人们必须走到一起才能够进行商业贸易的需要大大减少。收入水平的变化引发了大规模的郊区地产，郊区被开发成为了容纳更多人的、更为舒适的居住区域。

这个激增的过程好比捅了一座蚁丘，身上闪着光的蚂蚁呼呼啦啦地迅速地向各个方向逃散而去。

图片自上而下为：
大都市
城镇
世外桃源

最关键的类型在这些图的最下方：荒野自然或穷乡僻壤。如果这样的空间非常充足，那么原先那些根深蒂固的、自由放任的扩张与开发的形式就不会受到人们的关注，因为整体上还是维持着平衡的。但是，一旦穷乡僻壤的这种景观分类被消耗殆尽时，新的情况就会突然出现。所有的这些变化都将反馈到其自身，一个类型的扩张只能以另外一个的损失为代价。换句话说，放任自流的行为走到了尽头，而我们被迫将环境视为与我们的活动具有密切关系的综合体；就像公众普遍享有的权利迫使政治家把社会看作一种社会关系的平衡体，而不是特权阶层剥削无知群众的体系。为了维持这个文明的国度，我们，起码在英格兰，必须发展这种相互关系的艺术。其中的得失将在后面的三页中显示。

图片自上而下为：
公园
工业区
耕地
荒野

不同类别的景观 (The categorical landscape)

　　左图中的这条步行道是一个可以表明我的观点的简单例子。这条步行道和主干路保持着一致的方向，但却通过一道厚厚的灌木篱与主干路分离开来。在这里，一边是咆哮而危险的卡车；另一边，你却可以得到一个安全且极具吸引力的步行小路，可以居高临下看到牧场那令人愉悦的风景。这样，无论是开车者还是步行者都能够有一个比较好的状态。这与城镇中的步行道路网具有类似的性质。在这个情形中，最重要的线索就是这道篱笆——屏障——它将两种不同的功能划分开来。现在，让我们改变一下尺度，从步行小路转移到大范围的景观中，就像这张泰晤士流域的鸟瞰图所显示的那样。如果我们把 17 世纪与 20 世纪做一个比较，其中最富有戏剧化的改变，当属个人交通的灵活性大大增加了。旅行从一项艰苦的事情，到今天成为了简单的从上车到下车的过程。获得或者让出一个座位，是比起路程的远近更为重要的事情。过去的条件形成了典型的、密集型城市和开放型乡村的特点，这是由于旅途艰辛，使人们被迫向中心聚集。今天的条件与过去恰好相反，人们恨不能更加迅速地彼此离开。我们似乎遗弃了那种聚集了大量的人、食品、能源和娱乐的中心枢纽的做法，代之以分布稀疏而广泛的、在大范围中绵延不断的方式；这是对土地资源的巨大浪费。如果每个人都朝着不同的方向行动，那么我们只能把整个国家摊成一个混乱的大烙饼。为此，还是让我们提出一个要求：城镇需要有其自身的边缘，在城镇的边缘之外就是乡村。有什么理由不这样吗？人类已经获得了空间的解放，可以克服距离的问题。因此，一座城镇应该有一个边界。如果规划师设置了一个障碍，这只说明在设置障碍的这个点上，每个人都突然开始向一个方向行动；使得混乱的状况有了一个结局。这就好像是设置了一个很大的障碍来使整个景观变得清晰一样，而这并不代表区域的划分。

毗邻 （Juxtaposition）

这是一个不太常见的案例：在这里，两种景观类别，社区与郊外，产生了直接相邻的关系。两者带着自身的强烈特征并置在一起，中间没有任何的缓冲。在一边，风吹过树间飕飕作响；而另一边，沉闷的脚步声回荡在一条中空的石头铺砌的路上。"中空"是一个合适的形容。城镇有些闭关自守的感觉；它的周边围合起来而中间空旷，与周围的自然形成鲜明的对比。左下图是科希尔（Coleshill）的一个场景，同样包含了两种景观类别的强烈对比。这一次，对比的元素是田园风光与工业区。这个场景是一种典型的具有类型区别的景观，但下面的这张小图却没有。它表达出来的是不同元素无奈地混合在一起，使得整个区域陷入一种乏味的混沌状态。

直接 （Immediacy）

边界处理、软化、栏杆以及标有"小心"字样的警告牌，等等。有时候，我们会对这些传统手法产生反感的情绪，因为它们总是插在两种不同的环境因素之间，造成一些障碍。我们渴望直接的联系，无论是在水边还是在高地的边缘。不同景观的直接接触无疑产生了前面所写到的感受：对不同类别的概念的强化，它们的毗邻为景观带来了戏剧化的效果与清晰的结构，它同时也与对接下来要讨论的"这"和"独特性"的认知密切相关。

这个 (Thisness)

在接下来的 14 页的篇章中，我们试图来建立一种典型的、具有自身自然品质的概念。例如，这堵用硬石头垒成的墙具有一种独特的质感，通过粉刷，这种特征在阳光的照耀下产生了强烈的效果。只需将其与下面那段刷了沥青的墙面相比较，差别一目了然。上面部分充满了乐趣，而且结构清晰；下面部分则显得虚无而没有差别。

绳子用品店的橱窗同样显示了这种对绳子特性进行概括的专注和用心。这种特征或许非常丰富，表达的方式也各有千秋——掩饰、相互纠缠、裸露、造成错觉，甚至形成空缺——这些都是从这里面应当学到的东西。

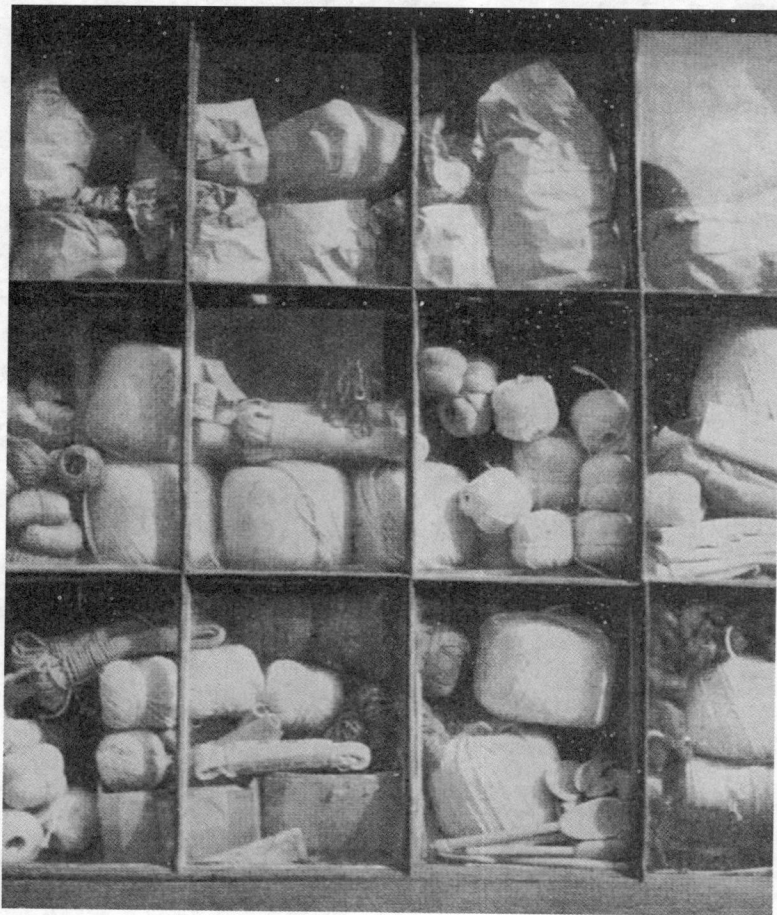

细部观察 (Seeing in detail)

通过对细部的留心，训练自己的眼睛来观察细部，人造的世界就开始变得有趣而且富有特色。一些像这样的小的元素看上去自身就具有生命。那些不具特征的墙面看一眼就过去了，要使其具有生命力需要深入地研究。例如：在下图的例子里，认真而且仔细地喷涂使得墙面具有了其自身的特色。墙面上飘忽不定的小点证明了这堵墙具有生命力，而且它是一个平面。在这个意义上，整个场景逐步具有了活力。

神秘的城镇（Secret town）

下面的几页是关于城镇和村庄中的各种特性的分析。所选的案例不多，只是希望能够激发读者自己去发现和探索。在伯明翰，两种不同的世界肩并肩地存在着：繁忙的商业区以及跨过河道的桥梁上的喧闹的交通路线；桥梁下，却是安静的、荒芜的、充满神秘的城镇。

彬彬有礼（Urbanity）

曼彻斯特广场上综合了城市生活所具有的所有特性，均衡、优雅、高密度，以及植物茂盛的公共花园。

复杂（Intricacy）

这种特性或许是今天的建筑中最难以理解的（或者说是最难说明的）。今天的建筑停留在一目了然的状况下，水泥盒子、格网状的幕墙、在天光下显得平庸而缺乏光影效果的表面。但复杂却可以吸引人们的眼球，它是通过专业的知识与经验获得的另外一维空间，与粗陋和外行恰恰相反。

得体（Propriety）

得体来源于相互尊重，而这种相互尊重是一个真实的社会中需要在它的成员之间保持的东西，与礼貌不是完全相同的概念。我们的案例是一个有些令人吃惊的、带有文字的商店招牌，对于一条普通的街道来说似乎有些格格不入，但由于这个例子是一个金属制品的手工艺商店，因此这样的招牌还是保持了得体的感觉。得体并不是抑制，它是一种在文化框架内的自我表达。

率直与活力
(Bluntness and vigour)

在这两张照片中，我们可以感觉到一种力量由于建筑物风格上的不恰当而存在或者爆发出来。这样的建筑物就像暗礁一样矗立在那里。

纠缠（Entanglement）

　　走过一条屋脊线笔直、墙面平直、开窗形式简单的街道，突然，我们被一束复杂而奇妙的东西所吸引，并纠缠其中，就像一个视觉之谜。圣尼奥兹(St Neots)的这个灯柱以及萨默塞特（Somerset）的鹿角座椅给人留下难以忘却的记忆，就像在乡下漫步1周之后还能够在夹克衫上发现苍耳一样。

怀旧（Nostalgia）

风轻轻地吹着，墙上繁茂的攀缘植物轻轻摇曳。但是，在玻璃窗的后面那朦胧的光线和安静的房屋中，有一株植物在寂寞地生长。

白孔雀（The white peacock）

这是泰晤士河边的一处就像有鬼魂出没般的惨淡景象，这里有阴暗的绿色植物和木头边缘发出的惨白的光，荒无人烟。一道开口让人想起很久以前就已死去的声音。

暴露（Exposure）

空旷，辽阔的天空，几何形体，这些是产生暴露感的一些因素。风暴使得这个遥远的建筑物显得必要而且形象突出，这样我们可以泰然地在这里散步。而这个地方却是属于大海的。

私密（Intimacy）

茂密生长的植物、围合感、狭窄的天空以及暖色的砖墙产生了私密和亲切的内在生活。这样的空间中，充满了光明而旺盛的人性的魅力。

错觉（Illusion）

到现在为止，我们一直在强调环境的分类及其给人的印象，以及"这"的相关特征。下一个部分中，我们将把"这"和"那"联系起来，来寻找这许多类型的相互关系中可以释放出来的、具有感情和戏剧化效果的情景。这第一个案例，错觉，建立在对"这"就是"那"的误导上。我们都知道，保持水平是静止的水的自然属性，但是通过巧妙地将池塘的护岸墙做成斜坡，由于在每个人的心中，护岸墙一般都是水平的，因此，水面倾斜的效果就出现了。水平成为倾斜，"这"成了"那"。

象征（Metaphor）

不像错觉那样直言不讳，象征是一种仅仅暗示着"这"是"那"的方法。但其暗示的程度可有较大的差异。这里的三个案例揭示了其暗示的程度，而它的倾向性恐怕也并不是非常清晰。但是，它们起码传达了这样

的思想：在一个战争纪念地的周围，弹壳的形象可能成为护柱；一个巨大的、可以被想像成罗马圆形大剧场（Colosseum）的圆形结构可能在1900年代的思想环境中被人们广泛接受，甚至成为当时储气罐上的装饰方式；下图中这个英国人的家真正成为了他的城堡。尽管这些案例中的方法都非常粗糙（我们还能够找到更多、更老一套的例子），但其中包含了少数的可以供设计者借鉴的思想。

在为英国节的召开进行准备当中，我应邀参加了白厅法院（Whitehall Court）的改善工作，它位于从展览的中央广场跨过泰晤士河就能直接到达的地方。这个建筑物曾是一个浪漫的纹章式建筑，以大量的塔楼、尖顶、山形墙收尾。其中的问题在于如何使得上面的这些解释的内容能够变得清晰，让所有人都能够看得很清楚。为此，我采用了在复杂的屋顶上竖起许多旗帜，通过泛光照明将它们凸显出来，以及将建筑的底部保持在黑暗之中的做法，这样，整个纹章式建筑的轮廓在夜晚清晰地浮现在泰晤士河上。

暗示（The tell-tale）

某些物体拥有唤起人们产生联想的特性。就像这条船的照片，它所显示的这个特殊的场景只是整个区域的一部分。为了明确或者强调这些不同地方的特性而对这些已知的事实进行的延伸，是可以进一步探讨的内容。

万物有灵论（Animism）

这个万物有灵的案例让我们再次回到了"这"成为"那"的命题中，一扇门是一张脸、一个窗户是一张嘴的暗示，有时候会产生一种不可思议的效果，但如果其产生的效果不是人们所想要的，结果就会非常令人烦恼。

明显省略 (Noticeable absence)

在这个类别中，我们涉及一些重要的东西被省略之后的效果，这种省略要么是为了提升它的重要性，要么是因为它实际上并不是必须的，而其他的东西可以代替它的功能。在这个案例中，教堂塔楼的墙面代替了十字架的功能，并在这个场景中暗示了十字架的存在（值得注意的是，虽然十字架得到了暗示，但同时由于它并没有实际出现，因此在一定程度上对耶稣受难这一幕的雕塑的概念有所解放）。

具有特殊意义的物体 (Significant objects)

普通的物体通过其自身所具有的力量，如雕塑感或者鲜明的色彩而在一般的场景中显得突出。"具有特殊意义的物体"这个词汇更多地被用于描述那些诸如城市家具或者构筑物这样的东西，相比起一些设计作品，如雕塑、海报等，这类东西如不采用这样的方法，通常不太容易引起人们的注意。

雕塑式建筑 (Building as sculpture)

　　有时候，房子（通常遵循着惯例并作为建筑物融入景观中）可以形成另外一种艺术，在这样的情况下，由于采用了不同的标准，它们创造了一个新的重要景观。这个单独矗立在宽阔的海滨之上的灯塔有一个本·尼科尔森（Ben Nicholson）式的基础，支持着一个从底到顶的柱子。

几何（Geometry）

几何与上述的内容有类似之处。它仿佛是一些来自牛顿定律之外的影响力量，带着天空般的浩瀚，用它的尺度、超凡脱俗以及朴素来影响整个景观。就像一个学校的校长突然出现在一个教室中，立刻使教室里正在喋喋不休、相互打闹、哈哈大笑的孩子们变得严肃、安静一样。在那些长满了小树的、有舒适村庄的英国式景观中，采用几何的方法，可以使景观变成另一种非常不同的效果，就像这些照片所显示的那样。

多用途（Multiple use）

　　还是来继续有关相互作用的话题，"这"和"那"是可以并存的。自从人们严肃地对待规划以来，其中一个主要的努力方向就是为人们创造充满阳光的、健康的住宅环境，远离肮脏、散发着臭气、喧闹的工业区。如果人们不认真地对此进行反思，这种分离和分区的原则将继续推进，结果就会失去社会生活各方面之间的联系。伦敦西区中越来越多的办公楼挤

走了剧院和住宅，造成了大量的通勤人流。人们反对在他们居住的街道中修建教堂或者酒馆是出于噪声的考虑。一些地方官员甚至认为你在人行道上停留是一种违法行为。但是，真正的生活本身就需要接受融合所带来的好的一面，同时也需要承受其不利的一面。总而言之，这样是值得的。泰晤士河的岸边（Bankside）地区，由于采用了居住与仓库共同发展，形成了一种典型的多用途的景观效果；在下图中，这种多重利用的态度在这张法国的照片中得到了集中的阐述。在这里，地面为大家共有：它属于地方会议的积极参与者，在需要的时候还可以通火车。

烘托（Foils）

　　案例部分的最后一段，是关于这样的思考：在前文已描述过的复杂的世界里，有各种各样的景观类别、各种各样的特征、风格与材料多样的建筑物，而这些彼此分离的实体间的相互关系，可以通过创造城市的戏剧效果而产生出来。就像"这里"和"那里"的相互作用可以产生一种感情上的张力一样，"这"和"那"之间的关系将产生一种固有的戏剧化的效果，存在于整个空间结构之中。在后面9页中将要涉及的、有关这两种对立事物的结合方法，无论是通过相关尺度、变形、树木配植，还是宣传的手段，它都将取得成功。因为"这"对"那"是有益的。

　　在巴斯，由维多利亚式、古典式和哥特式围合出来的空间结构中，建筑物组合在一起，产生了一种自然舒适如同俱乐部聚会室那样的感觉。在下图的牛津，纪念碑式的克拉伦登（Clarendon）建筑与朴素的居住建筑共享一条街道。我们也许已经对英国的这类街道效果习以为常，但如果你用手轮流遮住这张照片的一半，令人惊奇的一幕就出现了。

关联（Relationship）

这个伦敦市内的案例所显示出的流动的韵律，可以在两个建筑物之间形成。由于山墙、横撑和楼梯角度的偶然重复，在瞬间形成了这种典型的特征。右下图中显示的是与此正好相反的情况，一幢建筑完全与它的周围环境割裂开来。房子与周围建筑之间的距离并不是造成这种分离的主要原因，而建筑周围的环路造成的障碍才是主要的因素。因为：如果一些周边的建筑物能够直接面对，并且邻近主要的大草地，那么相互间的联系就产生了，社区的感觉也就能够形成了。对比左下图坎特伯雷[1]的案例可以发现，将古老的纪念物综合到今天的建筑物中，可以产生良好的效果。

---

1 坎特伯雷，Canterbury，英格兰东南部一座自治市，位于伦敦东南偏东斯道尔河畔。译者注。

尺度（Scale）

　　建筑物、构筑物和树的尺度在并置的艺术中是一种非常有效的手段，这在前面关于后退的案例中已经涉及。尺度不是尺寸，它是结构在视觉中的尺寸的一种内在表达。大体上，尺度与尺寸是密切相连的，大体量的建筑的确有大的尺度，而小体量的建筑有小的尺度。要对这两者之间的界线进行操作，需要设计者有足够的技巧（在右下图的办公楼案例中，我们可以发现如何采用夸张的尺度，使得一个大的建筑物看上去更大）。左边的第一张图显示了两种截然不同的尺度——方石墙面所具有的粗壮的尺度，以及小屋所具有的同样明确但较小的尺度——的并置效果。这正可以说明一切。墙面和小屋因同时出现，其各自的尺度都得到了强化，大的更大而小的更小。在下面有关利物浦大教堂区域的投标方案中，通过居住建筑和巨大的教堂建筑的对比，类似的效果也得到了体现。

规划尺度 (Scale on plan)

对于规划者来说，一个特别关心的问题是关于城市规划平面中的尺度感的问题。这里的案例引自艾比·萨德林 (Ebbe Sadolin) 的《伦敦漫游者》(*A Wanderer in London*) 一书。在我看来，这段话体现了这样的观点：对所有人而言，尺度问题在新规划中都极为重要。原文与插图如下："这个小公园正位于泰晤士河边、切尔西堤岸 (Chelsea Embankment) 与切荫步道 (Cheyne Walk) 之间。它是一个令人愉悦的地方，有迷人的老树、灌木丛、岩石花园、座椅、著名人士的雕像，一个名为'国王头像与八个花冠 (The King's Head and Eight Bells)'的老酒吧映入眼帘。简而言之，它是一个值得一看的地方。你可以感受绿叶的野趣，并与快乐的切尔西居民在一起小憩片刻。但是当你试图在地图上寻找它的时候，你开始感到疑惑。为了找到这个公园的确切位置，你只能另外求助于伦敦地图册，这是一本比例较大的厚达 131 页的书。它肯定在那里，因为这儿有那座桥，这里是堤岸，这里——看，就在这里！这个小目标在这个图中只有针尖一样大，在'步道 (Walk)'这个词的左下角。这就是整个公园。"

进行大尺度规划的规划者请注意这个问题。

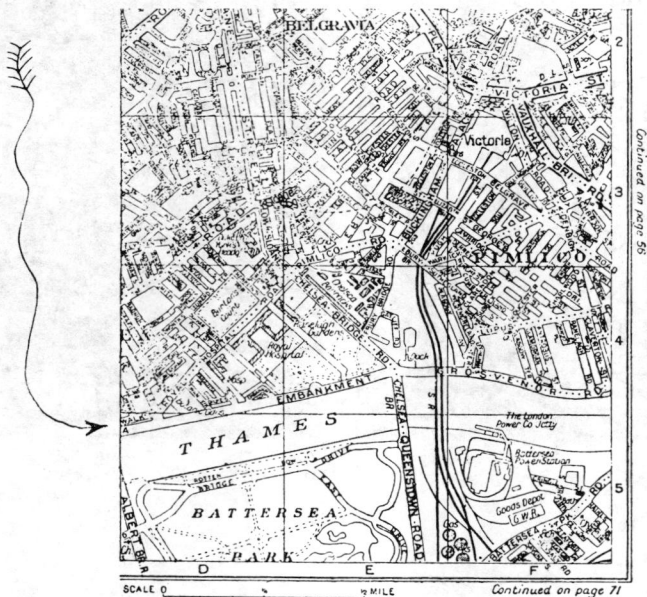

变形 (Distortion)

通过故意地放大来改变尺度，会产生一种令人震惊的效果，就像某种自然或不真实的力量突然迸发一样；而通过缩小来改变尺度，会造成一种玩具般的感觉。

树木配植 (Trees incorporated)

在对城市景观起到帮助作用的各种自然因素中，树木无疑是最常见的，树木与城镇之间的关系也有着悠久而光荣的历史。过去，由于树被认为是与建筑一样的结构，使得植物的配植采用的是相互交织的、建筑化的设计手法；但在今天，人们普遍认为树木自身就是一种具有生命力的有机体，能够愉快地在我们之间栖息。这样，在我们的有机建筑物和自然结构之间，就可能产生出新的相互关系。这第一个案例显示了由丛生的树木形成的体积：我们都很清楚其中的意义，

围合的感觉和空间，一个可以进入和离开的空间。一幢房屋正坐落在这个空间中，产生了一种类似于古典柱廊（如右上图）的结构形式的效果。

在下图的这个西班牙的景象中，这个相互平行的植物和花格窗产生了一种暂时的同步，显示出一种超出了一般的、具有不平凡趣味的相似性。在树木的质感与生长习性方面有专门的研究领域可以开拓。因为树木具有不同的特性，上扬的或是下垂的树枝、几何的或是自然蓬松的树冠、发亮的或是有软毛的树叶，这些特性可以与建筑戏剧性地结合，起到概念强调或是烘托的作用。

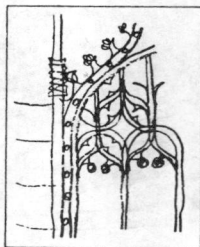

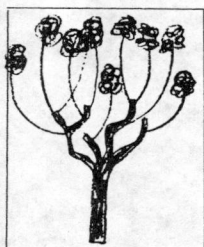

在这个瑞典的案例中，树木被作为一种活的墙纸来装饰这个巨大的几何形谷仓。

最后的这个案例也是最普通的一个，显示了正发挥着作用的室外装饰。这棵树被种植在村庄的中间，同把一盆花放置在起居室桌面上的方式完全一样，目的也完全相同，因为它是绿色的、有活力的，对那些永久性建筑物可起到烘托的作用。

书法（Calligraphy）

拿起一个非常尖锐的书写工具在白纸或者墙壁上画画是最有益的消闲活动之一。在切尔滕纳姆[1]的这两个阳台上，纤细的曲线铁艺投影在干净的白墙上，产生了清晰而精致的衬托效果。而用更为粗壮的大蛇作为椅子的支持结构，就像对这种粗野的实用主义的木板的一种讽刺。

---

1 切尔滕纳姆，Cheltenham，英格兰中西部自治城市，位于伯明翰市南部。自从 1716 年发现矿泉之后成为游览胜地。译者注。

广告（Publicity）

广告使得规划领域升温，因为它关系到两个方面，首先是适宜性的问题，其次是城市景观中媒体的活力。对那些将建筑认为是神圣的人来说，我们的第一张图是令人厌恶的。实际上，由于广告作为我们社会的一个部分而被人们所接受，这个案例在道德方面并不会引起争议；这是毋庸置疑的。我们为这个建筑物留下了一些文字，而这些文字作为对街道的一种衬托，本身是具有吸引力和活力的。下图是一个城市中心的景象，我们在其中暗示了一些夜间扩展的效果。这样的城市中心 [如皮卡迪利广场（Piccadilly Circus）和时代广场（Times Square）] 有超现实主义的戏剧化的形状、灯光和动感，信息在免费的展示中接收和反馈，形成了不夜城的感觉。建筑？我们不一定需要建筑，可以通过建设整齐的框架结构来树立各种各样的广告。

得体地处理 (Taming with tact)

　　——或者说是进入自然但不破坏环境。今天，一个特别值得关注的问题是郊区的野生环境中已经开始了人类的建设活动，这些照片强调的就是这种情况所表现出来的微妙感觉。科西嘉岛[1]的这张悬崖的照片有力地证明了：通过将建筑物集中建在悬崖的边缘或是笔立的峭壁之上的方法，使这些房子产生出一种震撼心灵的、融入自然景色之中的效果。如果建筑推后100英尺左右，这种震撼力就将损失殆尽，因为这样形成的只是一种刻板的郊区的效果（这正是建设在英国最荒凉地区的某些核电站所犯的错误）。

　　这张别斯顿山 (Bidston Hill) 的椅子的照片是对城市园艺家的一个提醒。这把椅子没有暗示出其占有了这片土地，也没有与环境相互融合。看上去就像是哪个游客遗忘在那儿的一样。

1　科西嘉岛，Corsica，撒丁尼亚北部地中海的一座法国岛屿。拿破仑·波拿巴生于此岛，1768 年由热那亚割让给法国。译者注。

功能性的惯例
(The Functional tradition)

  本节所关心的不是城市活动中的各种场景，而是各种事物——结构、桥梁、铺地、文字以及装饰——内在的特性，这些特性创造了环境。

  怎样来描述其中的涵义呢？设想你自己正在一个伦敦的俱乐部中，这个俱乐部将在晚上11点关门。老板发出了"最后通牒"，然后是"到点了"。这时候，他会拿起一块抹布来开始擦拭那些酒杯，然后将它们悬挂在酒桶上方的架子上。这个简单的动作就是一种功能性的传统。它明确、简洁，而且非常省力。而如果采用的是在柜台上贴出"对不起，太晚了"的标牌，显示出来的则是一种相对笨拙、愚蠢、糊涂的传统。功能性的传统中包含着民间的巧妙方法。

结构 （Sturctures）

  问题的本质在于让事物表达出自身的特点，而不是给它套上形式主义的外衣。泰晤士桥的结构中显示出了有说服力的整体角度关系，重要的金属板也被特别地刷上了黑色。左图中的这种作坊是在18世纪建成的，它体现出了这种传统结构的合理性。对比上图中那座笨拙而沉重的桥梁，它所强调的则是一种简练且秩序井然的传统品质。

扶手（Railings）

在有潜在危险的地方设置扶手，其首要目的是进行视觉的提醒，其次才是作为物质方面的屏障。采用最简单的方式就足以进行这样的提醒。这座步行小桥上的铁扶手只从河岸向外延伸的部分开始设置，结构也简化到最少。左下图中的金属扶手是在有危险的地方画出精致的线条，而不是笨重乏味的障碍物，就像下面这两张图中显示的那样，违反了传统的方法。

围栏 (Fences)

　　围栏的功能是为了把拥有的财产围合起来，阻止不速之客和动物的进入。这种尖木桩的围栏也许是最古老的且至今依然是最有效的围栏形式，每个木桩都有尖尖的头，形成了黑白相间的装饰效果。左下图中是一种复合的屏障，包含了作为系缆柱的、足以作为交通警示的大石头，并由较细的金属链条相互连接，来提醒粗心大意的步行者。这些都是直接而且实用的、避免危险发生的方法，而不像下图中那种华而不实的、经过"专门设计"的桥栏杆那样。

台阶（Steps）

对于外出到大风中钓鱼的人来说，这些台阶就像安全的港湾。无论如何，在它们所处的环境中，台阶表达出了一种对我们试图归纳出来的特性的敏锐的洞察力。本页下端的两张照片以及前一页的右边一幅照片是同一个结构，它们是肩并肩出现的（同样也可以看出其中的"得体处理"）。

黑与白（Black and white）

结构的装饰往往会采用在其上涂黑白油漆的方式，这种方法往往在表现其自身功能的同时产生一种整洁的效果。在那些安全性极为重要的地方，如海港或马路上，这种方式尤其如此。这个在莱姆里吉斯（Lyme Regis）的海港的细部显示了用白墙作为一种信号的方法。

底图中的海滩小屋很好地说明了黑白色彩带给人们的活泼和快乐的感受。左图，原野中一段墙上用白色涂料刷成的两个粗糙的方形是一个标记，而因为这个简陋的几何形状的存在，给人们这样一种感觉：这里是经过设计而并非偶然形成的。

质感（Texture）

近几年，前卫建筑师的注意力很多都放到了大的方面，如：城镇规划、国土规划、宇宙规划，而对更本土的、细节的关注则被排除在外。其结果使得设计师除了想像以外，看不到眼前存在的东西。在许多的方面，他就像一个孩子，在早年无拘无束的生活中体验到简单的视觉快乐，然后发现由于学习成了当务之急，自己的视觉感受在衰退（这是他的智力发展过程），对他的创造力造成了恶劣的影响。对技术的意识成为了职业建筑师思想中沉重的负担，而社会责任感也使得均衡和特色或成为一种负担，或成为一种激励。如果社会的评论无法很好地结合个人的愉悦感受、创造过程本身的快乐，以及最后达到的视觉效果，那么令人完全满意的、雄浑的建筑物就不可能繁荣。我们不需要将这种与生俱来的快乐视作可耻的东西，因为如果缺乏这些

给人以美的享受的因素，建筑设计将不可避免地退化到悲惨的例行公事中，或者最多是纯粹智力上的、耍小聪明的游戏。在这里，这些有关质感的案例可被视作从通常的景观中就可发掘出来的视觉的激励因素。

文字（Lettering）

自市镇传报员不再需要通过大声宣读公告直至声音沙哑、而是通过张贴大多数人都读得懂的告示来传递消息以来，展示的方式无论从数量还是种类上都从未停止增加。事实上，在城镇景观中的每一段距离中，都会有其建筑名称标识、布告标语牌、交通标志、店面招牌、广告招贴板、公交车路线牌，或标有道路名称的指示牌。这些具有功能的印刷字体或是立体字，使得它所具有的信息能够在它所希望的距离中清晰地显示出来。它可以是黑色的粗体字，或根据不同的目的在黑色背景上采用白色的粗体字。当相关信息的重要程度低于粗体字的时候，它可以采用整齐、苗条、

漂亮的形式。19世纪早期的许多招贴板采用的就是这种类型的字体，此后未曾有较大提高。它们提供了比今天多数的现代展示更好的、可供模仿的类型，而其中依然有无数的变化形式，至今仍然被拍卖商、运河管理局和计件的印刷工所使用。对比那结实而刚健的字体，这里有一些相反的案例。下面所显示的用"Sans Serf"这种字体做成的标识——它是经常被人们所使用的——是一种没有感情的实用主义的方法，它完全没有个性，也缺乏前一页案例中的稳健性。本页底部所显示的商店的文字，显得无力而且畸形，完全缺乏文字应当易于辨认的最基本要求。

修饰 (Trim)

在街道或公共空间中，即使是最小的细节也应当表达出它们的个体功能并与城镇的景观相融合。这个圆形的座椅和波纹状的边缘成为了我们所能在公共花园与广场中遇到的、经常被称为装饰物的、大量复杂的细部的代表。而这两者表达出来的是一种令人满意的方式，它们避免了纯粹的装饰而具有自身的功能，是更高质量的修饰方法。这个公共厕所有许多小的结构，是功能性的表达方式的活力的概括。下面的两个例子显示了：当本来很明确的目标变得模糊后会产生怎样的结果。

道路（The road）

　　交通标志必须非常清楚，让人一看便知。写在地上的白色文字不影响交通，而它们在最容易看到的地方传达了相关的信息。在这种令人满意的方式中，道路采用了航海标识中所具有的黑与白的特征。行人安全岛的护柱、交通信号牌以及灯柱，是街道景观中重复出现的竖向元素，它们数量巨大，因此必须力求简单、明了。这正是街道符号直接借用黑与白的传统航海标识的原因。在本页中，从谷糠中挑出小麦应当不是一件困难的事情（如下面两张图片所示）。

私家广场：围合式

综　论

适合不同需要的广场（Squares for All Tastes）

城镇广场在历史上曾作为特权阶层的保留地，是由战争年代中用围栏圈出的区域逐步演变为公共空间的（这个变化在 1947 年的一份研究中有所阐述）。要使这些广场恢复其最初的用途，既不现实，也不会受人欢迎。但迄今为止依然没有明确的目标使这些广场能够满足现代不断变化的社会需求。本段将以伦敦的一些案例来说明：英国广场如何能通过调整来适应今天城市生活的需求。这里所涉及的那些广场是为说明问题，而最终的目的是提出可以广泛运用的原理。在行文之初，不妨先举出那些功能与建筑群体依然结合得很好而无需改变的例子。

当广场依然是为居住服务时，它可以保持私家花园或社区花园的形式，采用围合的空间形式并采用通常的栏杆将其与路人隔离开。

与私家围合式广场不同的是私家开放式广场，这种方式常常聪明地采用某些植物种植的方式或高差变化来作为隔离手段。在一些安静

私家广场：开放式

的社区，这样的广场不需要更多的防护，而这种安全性也使其自由地延展到城市的景观中，成为专业术语中的"非正式的灵活布局"。

通过论证，我们可以设想一个城市范围的系统和一个更为均匀分布的私人领域。将它们在城市规划中综合起来考虑，最后的结果就是广场，是除了必要交通之外不再受其他影响的方庭。

大都市的广场是一个休闲的场所，它需要对每个人都完全开放，而不只是针对那些恰好可以俯瞰它的少数人，但这也不意味着对广场个性的抹煞。在伦敦西区的高级住宅区梅菲尔（Mayfair），奢侈而高级，这决定了其中的格罗夫纳（Grosvenor）广场采用了新的公共形式。由于

美国大使馆的存在，以及该广场在战争时期作为美国军队驻英格兰总司令部留下的记忆，促使政府把这里建成罗斯福总统的纪念地，并得到了公众的广泛支持。在这样的情况下，为什么不把格罗夫纳广场建成为一个真正的"美国街角"呢？美式风格在欧洲人眼里并不是粗俗的，这个地区看上去更像第五大道而不是百老汇。上好的美国食品、奢华的地下影院、水中游弋的天鹅，还有欢乐的喷泉（不是那种打开苏打水瓶喷出来的喷泉）。在一些盛大的节庆中，美国大使馆还可以在广场中举行花园式的露天聚会。伦敦的这个街角成为了既服务于伦敦人又服务于美国人的美式空间。

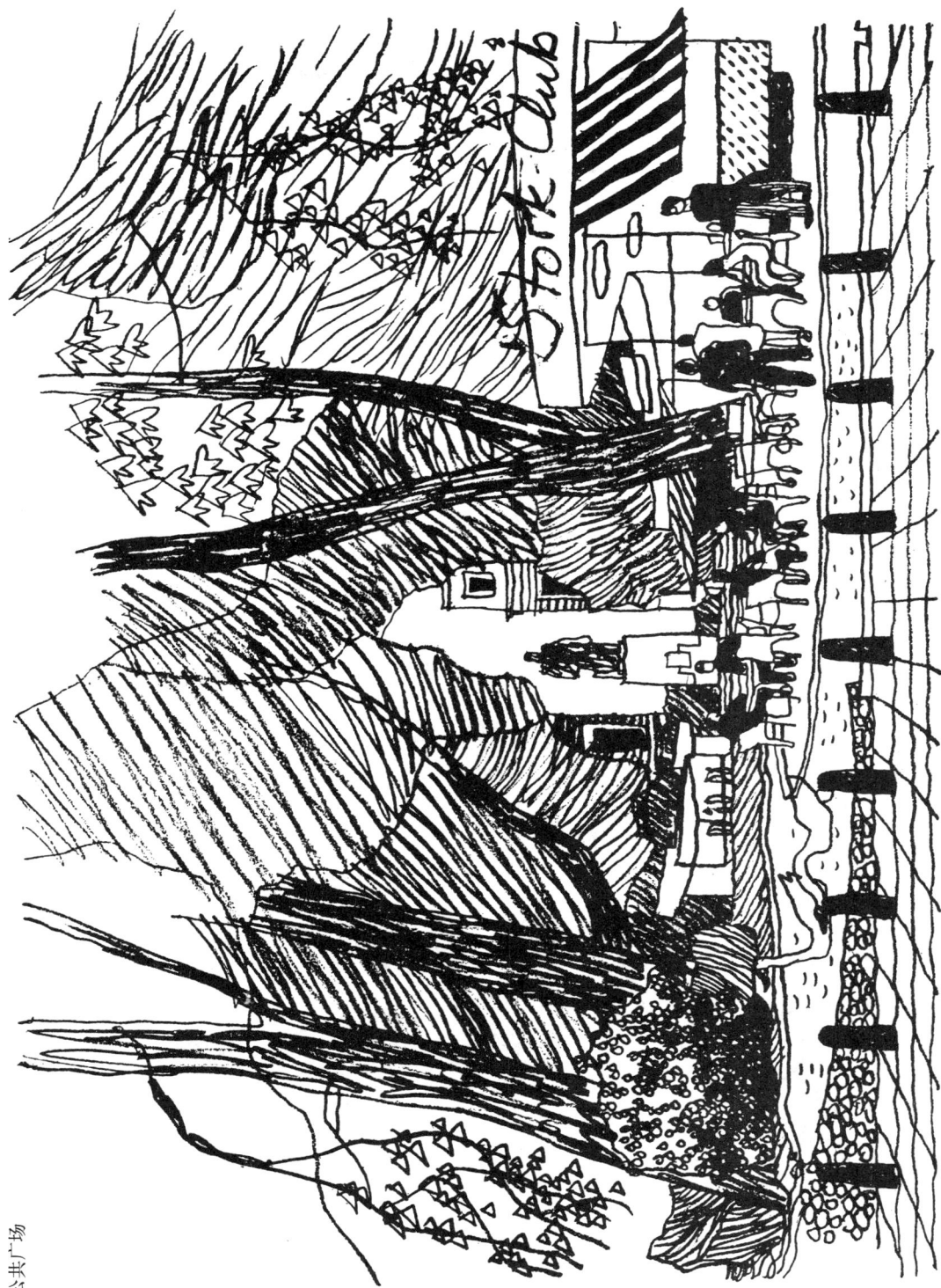

公共广场

18 世纪莱斯特（Leicester）广场的景象与今天的状况是截然不同的，这里曾充满了喧闹的车流、不停变换的信号灯、闪烁的文字和华美的海报。战前，政府曾下了很大的决心试图排除一切困难将这里建设成为一个有围栏的花园，但最终失败了。这样做引起人们产生一种不舒服的约束感，就像因为做错了事情而产生的拘谨感受。相比而言，将围栏全部清掉、把整个地面加以铺砌，可以赢得舒服得多的空间感和开敞感。今天，很多的咖啡屋环绕在广场周围，广场中布置了许多的桌椅，就像法国广场那样；树间拉上了华丽而色彩缤纷的遮阳布，阻挡从天而降的鸟粪和雨水。更为重要的是，这个场景使景观学家能够很真切地领略到：这种莱斯特广场式的景观中充满了勃勃生机并受到大众喜爱。正是这种由下等酒吧和固定的桌子所产生的美学效果，使得城市规划师不得不对其刮目相看。而这里的活动，无论好坏，都是都市生活的一部分，并为视觉场景做出了有益的贡献。

受人欢迎的广场

方庭式的广场：市政广场

在完整的城市广场序列中，需要有一些场所服务于不同的目的——甚至可以纯粹用于纪念。罗素广场现有的建筑和未来的规划都暗示着它的氛围应当是市政式的和纪念性的。所有围绕这个广场的建筑都是厚重而富有纪念性的，如伦敦大学、皇家罗素饭店，以及那些新的办公楼。当这个广场的周边使用情况和边界发生变化的时候，对其相应产生的交通量的变化，我们有必要对这个舞台的使用方式采取相应的改变。这意味着，纪念性是由其所有的轴线、喷泉、座椅、雕塑而产生的，而这样也造就了一种不算细腻却给人深刻印象的都市感。

方庭式的广场：学院式广场

　　通过对交通的再组织和行车区域的控制，这个区域中的车流将被减少到最小，只满足区域内部的办事所需。即便如此，在这样的广场中仍需要强调步行者的优先权——就是说，如果有一个行人和一辆出租车，出租车必须避让行人。要想在较小的公共广场中保留一小片猫狗横行、落满灰尘的草坪往往会招致许多的麻烦。不如像在教堂庭院中那样，将整个区域做硬质铺装，这样可以烘托出学院般的氛围并强调步行者的特权。它也同时强调出这样的事实：这些广场属于每个人的财富。四方院落是可以随着地方条件的变化而变化的一种基础的，或者说是中性的形式。它可以像罗素广场那般有政治意义，也可以像格罗夫纳广场那样奢侈排外，像莱斯特广场那样大众化，抑或像曼彻斯特广场那样具有宁静的学院氛围。

成为焦点的道口建筑（Cross as Focal Point）

从人类文明发展至 20 世纪，把城镇视作一个集会、社交、会晤的场所的思想贯彻始终。你也许会选择在庞贝古城的广场或某个大市场路口周围集合，但你的行为就是集聚在一起；对人类来说，这是一种例行的习惯，是一种惯例，亦是一种权利。一般情况下，你不必解释这种行为的动机是否合适或者是世俗的。人类是群居的，并希望相互交往。除了我们这个时代之外，其他各时代也是如此。本页图 2 及后页所显示的索尔兹伯里[1]的波阙里道口六角亭（Poultry Cross），正是当代人逐步破坏集会场所的例证。

观察表明，固定的物体具有吸引可移动物体的能力：图 1 中，在萨默塞特[2]的曼黑德（Minehead），树木吸引人们将一个台秤和一个标示设备安置在此。很明显，这样做的动机源自人们希望场地整洁，不想让自由的空间被各种零散的物体搅乱，或成为活动的羁绊。

1, 2

3

1　索尔兹伯里，Salisbury，英格兰南部一城市，位于南安普敦西北，建于 1220 年并围绕着它的大教堂发展。译者注。
2　萨默塞特，Somerset，美国马萨诸塞州东南部的一个城镇。译者注。

4

　　不过，城镇中最具有移动性的物体当算是人类本身了，出于各种各样可能的理由，他也非常需要停留的地方。在各种户外活动中，无论是交易、休闲还是社会交往，都需要空间来停留。这样，提供开放的空间、让社会活动随时可以开展，并不足以满足要求。开放空间是城镇中一个重要的基本因素，但它也需要加以布置，这样就能够使

分散的人流形成群体，如前页图 3 中意大利奥尔维耶托（Orvieto）那样，因为人类是群居的，喜欢各种小插曲、特别的活动节目和固定的吸引物。一棵树可以提供荫凉和庇护，一个有顶棚的市场交道口建筑也是一样。固定物为人们提供的内容超出了纯粹功能需要的范围。它将被固定地建立在一个地方，并通过对它的利用，使之成为公认

5

的集会场所。

索尔兹伯里的波阙里道口六角亭说明了上述的观点。在图 4 中，这个市场的摊位竖直地支起他们自己的油布顶篷，并不需要依靠建筑的结构来获得保护。确切地说，他们依靠的是其在交通流和购物人流中所具有的稳定感、安全感。

波阙里道口六角亭是一个漂亮的建筑，它具有悠久的历史并具有上述两种特性，渐渐的，这种存在于固定建筑和人们之间的、如行星对于卫星般的、令人愉悦的吸引力，变得危险起来。整个过程是这样的：随着街道中交通流量的

6

7

加大，机械交通开始觊觎城市的开放空间。在此过程中，波阙里道口及其周边颇有价值的地面铺装成为了被觊觎的对象，如图 5 所示。惟一使这片开放空间幸免于难的是这个固定的建筑。然而，由于人们发现这个六角亭原来是一个建筑艺术的杰作，应当加以保护，就用铁栏杆将它围起来，如图 6 所示，致使交通的边界离建筑物更近。今天，

这个建筑已经完全失去了它原有的功能，等待着搬迁到某个国家公园中退休养老。届时，在这个城镇中，人流循环往复，车流日渐快速，城市那个原有的步行领域烟消云散，如图 7 所示，而另外那个固定建筑物亦将同样消失在另外那个公共空间中。幸运的是这样的事情尚未在索尔兹伯里发生，但它可能并不遥远。

隔断（Closure）

隔断，正如前面第31页所指出的那样，与第9页所述的围合（Enclosure）有一定的区别，和"行进（travel）"与"到达（arrivel）"之间的关系有异曲同工之意。隔断切断了城镇的线性系统（如街道、水路，等等），形成了明朗、条理分明的视觉效果，却不乏继续延伸的感觉。而围合则提供了一个完全私密的空间，具有内敛、静止而且自信的效果。

这样，隔断并不意味着街景的终止，如同在莫尔（Mall）街道末端的白金汉宫一样。这里缺乏延续与连贯的感觉，而隔断则使运动的节奏变得清晰（这种封闭的狭长景象可归纳为围合的范畴）。形成隔断效果的建筑物或墙体常常也会创造出一种期待感。

隔断的效果往往由一些不规则或不对称的布局造就，从出发点到目的地的道路所产生的视觉效果不像方格网式的道路那样是自动的、必然的。这种不规则将道路分割为一系列易于识别的视觉表现，每段都有效地、有时甚至是惊人地相互联系在一起，这样也使得步行过程因为如下原因变得有趣：

这些分割产生的空间符合人的尺度；

能够产生许多偶然的际遇；

柳暗花明又一村的感受；

可识别性。

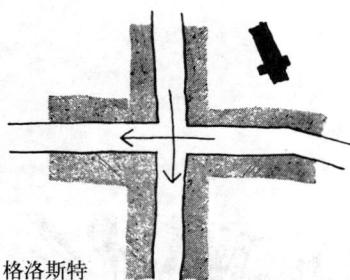

格洛斯特

一个有关"可识别性"的简单例证可以通过对比格洛斯特[1]（Gloucester）和切斯特[2]（Chester）中心的平面来获得，如左图所示。在格洛斯特，两条主要道路在这里以直角相交，由于这个交叉口从各个角度看上去都非常相似，结果造成了来访者迷失方向。相比而言，在切斯特，交叉口道路稍微交错排列，建筑物对视觉稍加阻隔，由于这种地标的存在，整个形势变得非常明朗。

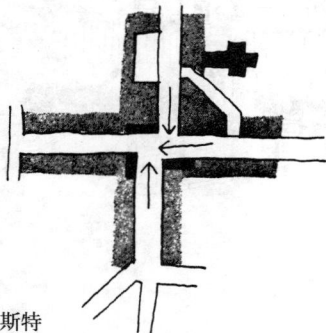

切斯特

以上案例很有说服力地改变了"逻辑性"的直线布局，而同样值得指出的是：这里的建筑物在一个重要的位置上创造出了一种隔断效果，从而这样的位置也应当用于建设那些代表城镇特色的建筑物，如市政厅、教堂、旅馆、大型购物中心，等等。

---

1 格洛斯特，英格兰中西南部的一个自治市，在伦敦西北偏西的塞文河上。位于古罗马城市格莱昂旧址，是撒克逊人的首都梅尔西亚，今天是集镇和工业中心。译者注。

2 切斯特，英国中西部市镇，位于利物浦东南偏南处迪河上。罗马人曾在此筑堡守卫流入威尔士的这条河流，并将此地称为迪瓦。切斯特以其街道以及沿主要街道的两排商店和房屋而著名。译者注。

上面的照片是一幅典型的乡村景观［东谢尔庭顿 (East Chiltington)］，显示了"隔断"的效果。道路从一侧继续延展，而这个突出的房子却有效地收住了人们的视线。通过这样的布置产生出来的艺术效果，又有多少是不经意的行为？

只有当我们把一些不具有艺术性的、呆板地沿着街道排列的案例，如上图所示拿来进行对比的时候，我们才能够意识到隔断与简单的方向变化之间的区别。

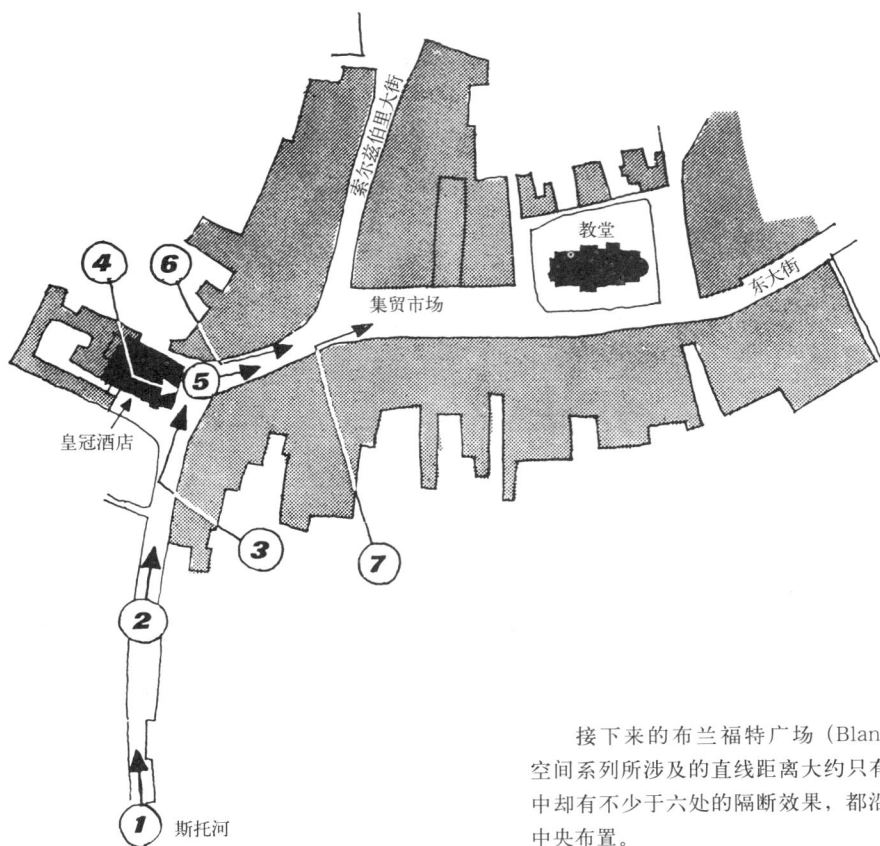

接下来的布兰福特广场（Blandford Forum）空间系列所涉及的直线距离大约只有几百码，而其中却有不少于六处的隔断效果，都沿着主要道路的中央布置。

1. 皇冠酒店方形的建筑体量正对着跨过斯托河而来的道路。眼前的景色并不像我们所熟悉的一般街道景观那样多为建筑的次要立面，而是建筑物的主立面。这样的做法将一个旅馆建筑阻挡狭长的街景，向人们展现欢迎的姿态，也给人们许多期待——想知道那个路口周边都有什么，这样的效果正是一个贸易城市的入口所应当具有的。这狭窄的空隙……

2. ……随着道路向中心地区的延伸而开阔起来，而随着街道向右拐，那种狭长的视野被截短。隔断将一个线性的空间变为一片小的领域，把道路变成了一处场所、一个广场或庭院。

3. 这一处方庭，不仅具有人的尺度，不拥挤、也不呆板乏味。这个方庭恰如其分地创造出一种稳定的围合感，使旁观者希望停下脚步，找一个椅子坐下来；隔断同样也创造了围合的效果，但却是步移景异，使人们的眼球不自主地从前面看到后面，当新的效果呈现时，前面的效果也随着消失。

4. 当道路转过弯来，这个城镇的形象开始展现出来；这种展现不是一览无余的全盘托出，而是逐步地、连贯地浮现出来（图中的字母 A 是一个标记，与下一幅画面中的 A 为同一个地方。下一段旋律和与原道路呈一个角度，是以新的段落景观出现在人们面前的）。

5. 这张图是利用隔断来产生出有如庭院的空间结构和序列效果的明显例证。突然拓宽并带有夹角的道路产生了不同于线性的领域感，人们的视野也被有意识地吸引到突然呈现在眼前的市政厅上。事实上，这里并没有广场，存在的不过是纯粹而简单的街道景观。

6. 随着景观不断伸展推进，教堂的塔楼作为空间序列的高潮最终呈现在面前。由于道路的角度变化，这里上演了最后一出隔断的好戏，当我们……

7. ……进入这宽阔的街道之前，所有的东西都已经浮现出来。这是通过一系列隔断来产生一系列相互协调的、戏剧化的视觉效果的最后乐章，整个序列以一种令人愉悦的地方尺度，为城镇景观提供了一个范本。那么这样的效果是偶然形成的还是有意识设计的呢？对那些总想回答"是偶然的"人，我们不妨提醒一下：这个城镇是由建筑师巴斯塔德（Bastard）兄弟在 18 世纪的一场大火后完全重建的。

生活的线索（The Line of Life）

一个城镇最基本的功能应从其平面图上可一目了然。很明显，这是由于城镇各部分之间的组合方式可以反映出一些力量的线索，这些线索同样代表了使城镇得以存在的各种环境要素之间的相互关系。相反地，如果一个城镇缺乏特色和布局结构，这必将造成一些形式与功能之间关系的阻碍，而各种力量的线索也将变得混淆不清，甚至消失。这可以解释为什么许多现代城市的无组织的问题，同样也给规划师提供了施展的机会。由于在每个项目中规划师的主要任务是解决矛盾，并按重要性分配资源以满足需求，又由于他所采取的方式必然是因地制宜的，因此，他是否成功地发现并为多数重要的力量线索提供了一目了然的视觉效果，将主要取决于城镇是否采取的是一种易于理解的并颇具特色的形式。

这种机会在一些城镇——如典型的海滨小镇——中最容易显示出来，那里各种力量的线索较为明显，并与地理上的界线划分有直接的相互关系。之所以被称为海滨城镇，其最核心的特点在于水陆交汇的岸线，这也解释了为什么海滨城镇的特色比其他地区要强烈。在后面的几页中，三座位于英格兰南部海滨的城市将说明：如果一个规划师能够理解这种相互关系的重要性，那么他就可能采取措施来保护或创造出一个好的城市特色来。

首先要说的是布里克瑟姆（Brixham），这里的陆地与水面形成了一个自然的、有如圆形剧场般地形的内凹港口，因此这个城市的形状也只能符合这一条主要的力量线索。在这个案例中，一个聚集在一起的社区，保护性地围绕在船舶的周围，因为这里的人必须依靠船舶为生。这里所反映的正是布里克瑟姆的城市特色，这个特色清晰而强烈地表达出来。规划师所应当做的就是增强这种视觉效果，让每个戏剧性和逻辑性的片断都将围绕它来发展。

下一个案例是福伊（Fowey），丰富的滨水活动成为了这里重要的力量线索。但是，由于这里的建筑物和崖壁逐步降低到水中，同时也缺乏一个连续的码头，因此，居民和真正的力量线索——海岸线——之间出现了障碍。尽管偶然也会有一些台阶从室内直达水面，但却没有连续的、接触水体的途径。这一切都需要相互关联起来，使福伊所具有的真实特性能得以串接为一条主线。

卢（Looe）是一个更为复杂的案例，这里同时运转着若干条力量的线索，规划师的工作则是解决这些线索之间的矛盾，并让其中的每一种特有的地貌都能够得以充分表达，并通过这种做法创造出整个城镇的独特风貌。

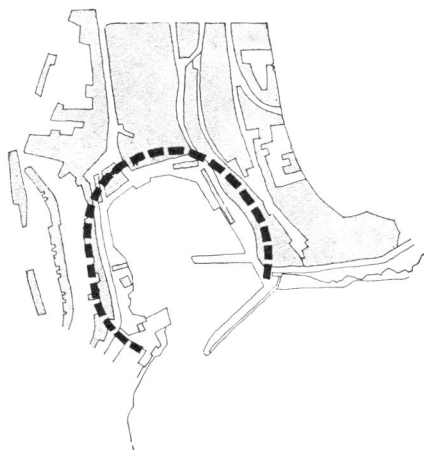

布里克瑟姆（Brixham）

当自然力的线索与城镇的起源与功能相互结合，并能够在其地形上获得直接的呼应时，你所希冀看到的那种生机勃勃而富有特征的美好景象，就如画般展现在你的眼前。（对页的）港湾是这个城镇中令人印象深刻的中心地区，它以台地的方式，像一个自然的圆形剧场那样环绕甚至几乎圈起了这个内港。它既是社会中心又是工作中心；参观者在码头散步，将这里的渔市当作免费的娱乐场所；色彩缤纷的帆船、旗帜和海鸥振动的翅膀一起创造出这样一种令人兴奋的效果——好一派永不落幕的、繁忙的劳动景象！

在这样的状况下，规划师不需要做太多的工作，他只需有一双警惕的眼睛，确保周边建筑物形成的现有的紧凑的、不间断的关系不受干扰——他所应做的另一件事情是在视线之外为这个港口提供一个停车场，这样，滨水区域富有生气的景色将不再受到那些黑压压的、成排停放的汽车困扰。不过，规划师还可以把视觉连贯性最大化，来强化现有建筑物形成的、圆形剧场般的特色。一种很明显的做法就是为建筑物刷上白漆。现在，布里克瑟姆港口周边的建筑物早已变成了暗褐色和灰色的混合色彩体系（对页）。用白色粉刷之后的统一效果如上图所示。

现状

预期

福伊（Fowey）

与布里克瑟姆相似，福伊的地形很恰当地呼应了城镇存在的理由：在水陆交界处建立起来的带状城镇。但与前例不同的是：布里克瑟姆是一圈建筑围绕在一个封闭的港口周围，而福伊却沿着一个港湾的岸线形成一条带状建筑群。布里克瑟姆有其特殊的优势，它因此获得了生命力，那条水陆交界线是一条社会生活的线索，亦是建筑的线索——船员和陆地居民在这条线上可以自由地混杂在一处。福伊却有其天生的缺陷，那条令人满意的建筑物轮廓线成为了一种障碍，人们只能通过一两处孤立的地点接触到水面。

这样，规划师的首要任务是安排各类连续的、能够接触水面的途径，使水边得以重获生机——如后页图中所示。他所需要遵循的原则是：沿着水边建设一条滨水的线路（就像上图中显示的建在崖壁顶端的、有墙壁遮挡的道路）是不够的，必须代之以沿着水边的、可以亲切接触水体的方式，如下图所示。

现状

预期

福伊的滨水建筑以一种合乎逻辑、却也充满戏剧性的方式直插入港湾；在许多情况下，防波堤与建筑的外墙就是同一堵墙。但是，由于只有从这里才能够找到公众通向水边的途径，而水陆交界处又正是大多数社会生活发生的地方，因此，这样的做法导致福伊失去了引发最大活力与地域特征的机会。

规划师的目标必须是为整个水岸线提供令人兴奋的因素而不破坏现有的建筑连续性。实现这种效果的一个方法是在地表每个标高变化处建造一条步行道，将现有的路径联系起来成为一条不间断的线。左边的图显示了如何在各种当前看来无法建设的地方建造这样的步行道路及其大体的视觉效果。这样的道路将与福伊现有的、错综复杂的步行道路建设方式完全结合起来。

卢（Looe）

卢是一个较布里克瑟姆和福伊更复杂的案例，因为它的海岸线是枝状分叉的，最终分成两根主干，一条沿着河流，而另一条正好面临开放的海域（如对页平面图所示）。每道滨水线的伸展都具有其各自的特色，表达出这样的事实：最活跃的社会活动将沿着两条滨水带展开，相互间的特点不同，但卢的存在正是由这两者的结合而来。

　　这里的滨海区有一片海滩（上图及平面图中的
1），海滩的一侧是码头，一侧是探入海中的岩石海岬。
滨河带则是一个与布里克瑟姆风格类似的渔市（下图
及平面图中的 2a）。卢地区不能令人满意的地方在河
流分叉之前，即平面图的 2b——在高速公路在河滨

区域分叉并通向海滨之前的那片区域。这里本应是最
强调滨水区域线性特征的地方，居民们应最大可能地
获得滨水而居的机会——无论从精神上还是物质上。
但事实上，这条线索在这里中断，留下一片没有方向
感的、无人居住的区域，被地方委员会用于停车。

这里需要的是一条林荫大道，鳞次栉比的商店——作为这里一条主要商业街的延伸——形成了一条连续的、一直向上通达到崖壁上的线性系统。商店面对着宽阔的散步场所，居民们可以在树下漫步，并有意识地感受河流带来的情致。

对页的图画说明了我们应该如何通过将停车场地搬迁，以及为这条林荫道赋予适当的用途——如作为一个渔民和陆地居民的聚会场所，来使卢这条重要的伸展带重新获得特色。从这些树下的鱼摊和饭店中，人们能够俯瞰到渔市旁的这片水面。

这是一个富有寓意的故事。上图是卢上游田园诗般的河流景观；浓密的树林一直覆盖到水边的陆地上。中图是卢城自身的景观效果——一个同时是滨河亦是滨海的城镇，但无论在哪边，建筑密度都很大，呈现出一个城镇所应当具有的特征来。滨河地区的建筑物排列形成连续的台地状；滨海地区也是如此。在下图中，按照地形线性的布局方式被摒弃，附近的海岬景观被若干孤立的建筑物破坏；这种负面的影响也同样影响到卢本身，在卢城后的小山上，台地的形式被凌乱的布局瓦解，它破坏了对原有线条的强调，而这些线条原本是卢传承滨水区的吸引力并获得其全部特色的所在。

步行与车行 (Legs and Wheels)

道路的景观由天空、墙面和道路围合而成。天空永远在变化；墙面或是陈旧破落，或是崭新光鲜，可以富于各种各样的风格、轮廓、肌理、色彩和特征。而地面，——却总是一片单调的柏油铺地。

以救火车和救护车为首，汽车深入到城市的大街小巷个个角落。城市地面原有的丰富多样的铺装被汽车的洪流所淹没，各楼中的居民冒着危险出来，借助于安全岛、避难所、安全地带和信号灯行走。

当我们意识到一个普通城市街区中的道路所占面积大约是整个区域的三分之一时，我们就会悟出人类在这个机械化发展的年代中所付出的代价。机械交通使墙面和地面不再和谐相处，地面不再是联系或划分建筑物、表达建筑物间的空间类型的元素，现在的状况俨然就像把建筑模型放到黑色的底板上一样。

许多材料都可以用于以使城市的地面重获生机，强化道路规则，并通过象征不同类型的用途，确立约定俗成的行为模式——用石板、鹅卵石、石块、板岩、马赛克、沙砾和草皮作为铺砌，表明了步行专用的性质。材料的颜色可浅可深、表面可以粗糙亦可光滑、地面可以平坦亦可坎坷，为设计提供了无数的可能。但是今天，这一切都因地面和橡胶轮胎之间接触的技术需要而被迫牺牲了。

建筑内部的交通主要以步行为主，极少发生冲突，交通事故更是凤毛麟角。在露天的建筑前的院落或是车道上，一切也都还理智而且适度。那些偶然进入这个区域的车辆会知道它是冒昧闯入的，会自觉地为步行者让路。但是，当步行者的空间缩小到车流两边的狭窄铺砌带上时——人的精神必须高度紧张。建筑内部温暖、舒适的安全体验很快变成了被驱逐般的危险感觉。

因此，从城镇中到处涌动的车流中，我们得到了两条结论：(a) 地面的多样性和个性被抑制；(b) 步行空间受到侵害。

事实上，上述 (a) 点与汽车交通的存在并没有必然的联系；因为如果我们能够对更有效地组织道路交通的手段进行研究，我们或许能够寻找到一种通过道路表面铺装来达到指示道路特殊用途的解决方案。一支彩色铅笔能够很容易地被从盒子中抽出来，如果铅笔的外皮具有与铅笔相同的色彩，而不是把颜色写在外皮上。同样的，采用一套通用的色彩和图案标准来标识不同的需要，如单行道、停车位、人行横道以及其他内容将使道路功能一目了然。这样做将最终为城市景观增添一种新的功能之美。

首先，需要系统地建立一套秩序，来主宰并引导交通的流动；其次，建立一系列道路规则来强化它的功能，这种规则将完全针对道路本身，并很自然地对周边的一些建筑有所提高。

例如，一条道路或一个广场如果只作为步行之用，就可以用一道鹅卵石铺砌在它进入区域来保护这一功能。规定：所有的车均不得穿越鹅卵石铺砌区域。对页和后页的图画说明了这一点。

步行区 (Pedestrians only)

在一些特别的场合下，完全的步行控制是很理想的。在一些诸如教堂、学校、广场和老年住宅区的例子中，这种需求都会产生。不过，由于救火车和救护车的入口是必须的，这就排除了其他任何一些的物质性障碍物的使用可能。这张图显示了一种合理的道路规则——一段卵石路面铺砌在入口处，中间的石板铺砌标志着人行入口的所在（因为人很难在鹅卵石上面走路）。鹅卵石被认为是草坪的一种替代品。在这个被保护的区域中，设计者可以自由地选用各种材料铺装成各种风格。规定：对于开车者来说，卵石铺砌意味着严禁入内。

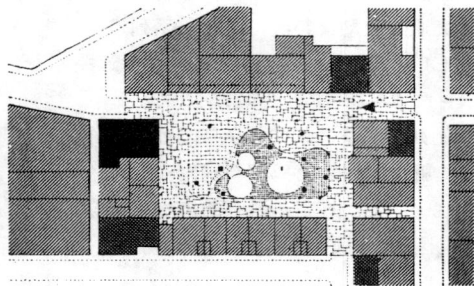

步行优先 (Pedestrian priority)

没有人可以否认快捷的交通对城市生活的意义。是那些到处扩张的交通傲慢地占据了所有的道路，引起了人们的抗议。将车开到自家的楼下是人们发自内心的希望，在接受这一点的时候我们也需要承认：各种交通类型的混合亦是有可能的。这样，一条车流量不大、或不是终日繁忙的道路就可以采用这种方式，将其作为捷径或当作一个主要交通道路周边的便道都可以。这个案例（图片的视角在平面图上用箭头表示）显示了这条街道或广场如何将交通量减少到仅仅满足这个区域内部事务的需要。

在这里有两点需要注意：(a) 交通量的减少将为整个广场带来一种内向的特征；(b) 那些确实进入了这个领域的机动车驾驶员，因为这是进入了他们自己的领域，就会表现得谨慎而有礼貌，并尊重他人，这种情况很难在"别人"的领域中出现。也就是说，当一个人不需要担心被认出来的时候，就会为所欲为。规则：铺砌了石板的区域表示行人优先。至于应铺砌出什么样的图案，就是设计师的工作了。在这张图上，一条两英尺宽的石块铺砌带每隔一段距离就设立了一个行人安全护柱。

障碍物（Hazards）

　　视觉规划者可用的材料包括了各种各样的岩石、水泥、木料、土壤、金属、柏油、草坪，以及山、水、人等各种组成了这个世界的元素。他为城市所做的工作就是安排和处理这些元素，创造出符合人类需求的庇护、交往、休闲、宗教活动等场所，并创造出高雅的城市面貌——人性化的城镇景观。尽管他所面对的问题有许多是大的问题，如设置交通干道等，但要实现人性化的城镇景观仍需精心设计。这可能是视觉规划者中的建筑师才能完全领会的真理。为说明这一真理，这里选取了有关障碍物的问题来进行探讨。在多数规划师的眼中，这似乎只是简单的栅栏、树篱或栏杆、铁丝网、树丛的问题。这种观点使得问题显得简单，但我们需要意识到：城市中那些毫无感情的、以工程为主的围合方式是最通常、也最有效破坏视觉景观的工具。战争的一个好处就是通过拆除多种不必要的维护结构，使得相应的约束也减少了；它们打开了一个活动更为自由的世界。今天，当那

些限制和约束再次树立起来，政府开始回忆起有关围合的各种事情，我们有必要在这个节骨眼上思考一下那所谓的"设障理论"。栅栏只是一种设障的方式，但设置障碍物的手段多种多样。有时候，这种障碍只是设在精神上，如一片草地用路缘石围合起来，不用写也能够充分表达出"禁止入内"的意思。尽管接受这种道德上的设障方式需要社会成员愿意遵守社会公约，不过当人们希望保持空间感和距离感的时候，这或许是一种更容易接受的方式。更有效的手段是利用矮墙和水体。有时，无论是功能还是景观方面，都需要一个视觉的遮挡或营造一种围合感，这时的栏杆和实墙就成为了景观中非常有效的东西。后面的相关阐述并不是为了确立一种放之四海而皆准的原则，而是探索设置障碍物所能够产生的视觉可能，并将其视为城市景观的一个组成部分，以及视觉规划师所采用的诸多技巧中的一种。

栏杆 （Railings）

　　在灾难深重的战争年代，几乎所有的广场都拆除了其原有的铸铁栏杆，此后又产生了许多变化。首先，这里出现了许多地上或半地下的防空掩体，草地被大片的泥地取代。战争结束后，广场周边的特权阶层开始重新强调采用铁丝网和木栅栏围合他们的领域。在随后的多数情况下，广场的特权性质没有变化，而那些被服务的特权阶层却在广场周边逐渐消失。办公楼、大使馆、俱乐部、学校和公寓替代了原有广场周边的特权单位；而在那些少数的特权单位仍然存在的案例中，也往往为适应社会变迁以及城市人口变化产生的新需要而逐渐变化。一旦意识到人们对广场的新需求，对其进行的规划和维护就会面临一些问题。后面的几页将针对这些问题提出一些相关建议。

　　贝德福德广场（Bedford Square）曲线栏杆的一部分。这是实体障碍的一个佳例，它经过精心地设计，在这种条件下值得保留。

种植（Planting）

　　将树篱或灌木作为障碍物的关键在于它应当是一种坚定的实体遮断物。如果树篱的下端留下了狭窄的缝隙，那么猫和狗这种不可能产生精神上阻隔意识的动物将破坏庭院设计师的美好意图。对植物种类的认真选择是达到效果的首要条件，其次还需要进行适当地维护并足够重视。植物障碍物的绿色厚墙将对内部隐蔽的中心地区起到有效地屏蔽，庭院设计师提供的种种乐趣将突然呈现在人们面前，这自身就是英国景观手法中一个重要的组成部分。

　　贝尔格瑞伍广场（Belgrave Square）在移除了栏杆之后改用更为封闭的围墙尚未建立起来之前的效果。这里厚厚的"森林"篱笆受到原有栏杆的阻挡，并在上部向外伸展，成为一个很好的安全措施——只要它受到足够的重视——并为广场增添了舒适感。在当时，它的确为城市景观做出了贡献——这茂密的植物，枝叶向外伸展，没有按照市政园艺师的装饰概念进行人工修剪。

隐形障碍物 (Concealed hazard)

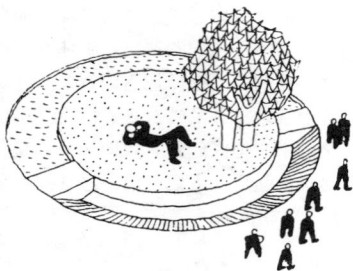

这种在过去非常有效的障碍物到 20 世纪几乎完全被人们遗忘了。为获得令人愉悦的开阔景观，矮篱墙替代了花园的围墙或树篱，很自然地展现出花园的全貌。看啊，这里正是一处英式园林 (jardin anglais)！人们没有意识到和做到的是：矮篱墙，无论是干的或是湿的，对狭窄的景色和远方的景色同样有效。它始于解决许多困扰城市景观建筑师的问题。在一些非围合式的广场中，人们不希望采用灌木丛或砌筑墙体来产生神秘感，这种隐形的障碍物最能体现其价值所在，它可以增强广场的吸引力，同时保持其相对难以到达。

标高变化 (Change of level)

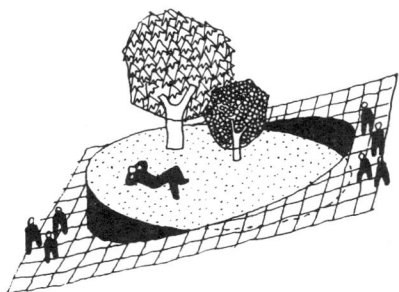

在 18 世纪，一种被广泛用来为平地景观增添趣味的方式是堆山。尽管在一些"潜能布朗"(Capability Brown)[1]的模仿者中，采用的往往是一种"带状土丘丛"(mound-clump-belt)的技术方式，形成雷同的轮廓曲线，最终造成了单调的效果。但在伦敦的圣詹姆斯公园(St James's Park)和绿园(Green Park)中，仍有一些由于标高变化产生的、具有丰富想像力的优秀景观案例。如果一个区域被充满装饰化的"市政公园"(municipal park)氛围所困，那么采用堆山的方法是非常有效的。作为一种设障手段，标高的变化或许是一种最微妙的劝导方法；它根据庭园设计师的意愿对人们的眼睛和腿脚加以引导，替代了"禁止入内"这样的招牌，这种招牌在城市中是令人讨厌且需要尽量避免的。

---

1 "潜能布朗"，原名为兰斯洛特·布朗 (Lancelot Brown)，1716–1783 年，英国著名的景观设计师，被后人称为"英国 18 世纪名副其实的艺术家"和"英格兰最伟大的园艺家"，一生中为英国最好的乡村别墅和地产项目所设计的公园超过 170 个，许多至今仍然在使用。由于他经常对他的委托人谈到他们的地产在提升景观方面有很高的"潜能"，因此通常被人称为"潜能布朗"。他的设计中常常采用流畅起伏的草坪，直接铺到建筑跟前。并采用块状、带状和分散的树木，蜿蜒的水面在英国景观园林中独树一帜。译者注。

地面（The Floor）

当铁路出现后，其以相对持久的方式在城镇与城镇之间建立了相互的沟通。而那些内装发动机的车辆则依靠已有的公路和街道来建立这种沟通，它们扫荡出适应其自身需求的途径，穿越英国的所有城镇。乍一看，这是一种自然的发展方式。城镇和村落中的居民仍可以上街购物，或相互串门。但交通的洪流却在默默地、也更为根本性地破坏着城镇的生活。它强烈地束缚了人们集会的权利。自由地集合在一起、停留和闲谈，以及感受外出的自由，相比起交通的需求来说也许并不显得更为重要，但这些是人们选择城镇居住而不是独居的重要理由——人们需要感受社会带来的快乐。室内和室外虽然性质不同，但其差别本应当在某种合理的程度之内，而今却已经演变为安全与危险之间的截然对立了。建筑物聚集在一处，但它们不再形成城镇，却像每个建筑物几乎都面对一条铁路线修建房屋一样。

集会的权利涉及两个密切相关的方面：一是居住在城镇中的居民；一是构成集会场所的建筑物。从视觉的立场，最大的损失莫过于地面的缺乏特色。建筑物之间的空间从相互联系的表面变为了相互分割的表面，而它自身也从富有个性转化为千篇一律。

自人们开始意识到地面作为一种极具潜能的风景的价值之后，其第一个反应就是要装饰它。于是，人们会在交通围绕的中心布置一些花坛；也会随心所欲地用卵石来形成一些装饰的图案，虽然不一定非常漂亮，却亦出于追求装饰的心理。通过使用不同的材料可以创造出富于特色的图案效果。我们可以先设想这个地面的使用者会将按照某种本能或指定的方式活动，描绘出他们的活动。其结果将成为某种"行为模式"，其中地面的使用方式被明确地用各种色彩或图案填充成形，成为不同行为的标识。这种情况与设置障碍物（粗糙表面）不同，它采用的是一种象征方式（如十字路口的斑马线）和一种差别细微的方法，除了某些具有周期性的功能外，人们可以安全地跨越界限。此外，这些图案如果得到广泛的采用，在二维空间上即可提供相当于今天所采用的三维方式的服务。

我在前文中已经提到，地面可以成为建筑物之间或周边的一种具有联系功能的表面。要达到这个目的，地面就不可能仅仅是一条毫无特色的、沥青覆盖的道路。它必须被当作是与建筑物同等重要的伙伴，并通过它的标高、尺度、肌理和适当的特性，创造出令人喜爱的、均衡的效果。

但是，如果地面无法令人感动，它也就无法达到这样的效果（它将成为一个无人问津的区域、精彩场景中的一处败笔。在建筑物之间铺砌一条水泥道路，尽管它是统一的，达到了均衡的效果，却并不是一件好事情）。地面必须具有独一无二的戏剧化的效果，那么究竟在哪些方面，可以实现这种神秘的、独一无二的地面景观呢？

要做到这一点，是否就像人们猜想的那样，只能通过时间，依靠风化、磨损和沉降的力量来达到？或者依靠各种材料，包括许多早已过时的传统材料来获得？我相信，最根本的问题并不在这两者中。

（1）与建筑相反，建筑的体量和造型是以几何形为主的，而地面的造型却更为简单，也许更微妙。一薄层耐磨材料覆盖了最有力也最自然的城市景观：地面是波动起伏的。这给予地面一种朴素且不连贯的不稳定性。

（2）由于地面只是一层表皮，因此，它的效果是依靠二维的平面空间来获得的。通过地面的图案，它具有了对人们行为进行引导、对空间加以区别或强调、使空间相互结合或分割的作用。对于考究的立体建筑物而言，还有比这种富于肌理、描绘出"行为模式"却貌似平坦的地面更具有衬托作用的吗？

（3）在城镇景观中，地面相对其他的设施而言，更具有扩张性和伸展性。这种特性无论在大面积的铺装广场，还是在转角处消失的石砌小路上都能看见。前者是肯定的，后者则是一种暗示。

（4）最后，我们来看一下地面的材料，并强调这一点：无论地面的效果如何，它必须具有耐久性和承载力。这给地面的装饰确立了某种规则，而这种规则则赋予地面其最后的特征。

后面几页是用来说明上述观点的案例。这些照片均来自牛津郡（Oxfordshire）的伍德斯托克（Woodstock）。

伍德斯托克解析（Woodstock Unwinding）

奇遇（Adventure）

这个部分的论证是为了引起人们对地面戏剧化景观的注意，并展示它独立的存在状态。地面不是某种仅供建筑物站立或让车辆在其上行驶的东西，它具有自身的个性特征和奇特的生命力，而这一点却被人们长久忽视。

功能性图案（Functional pattern）

在鹅卵石上驾驶很困难，这使它立刻成为了一处显然的停车场所。这显然不是设计者的想法，而是不愿意使用这种路面的司机的想法。毕竟，形式始于功能。

标志的规范化
(Standardizing the code)

人行道穿过马路。采用方块石材的铺装方式很清晰地对步行者和来往车辆发出了警告。将一条窄窄的鹅卵石带嵌在石板铺砌的人行道和柏油马路之间，可起到警示和缓冲的作用。仅用这一案例就足以说明：如果有一定的标准，多种材料的运用可以在视觉上提供一种行车的规则，可形成某些惯例、行为和边界。

材料（Materials）

这是一道连续的、由七种不同材料组成的景观，它们统一在同一个表面上，各自的功能都相当明确。在商业区和靠墙的道路上，卵石的铺砌必须禁止，这样能够让人们的活动空间更富有弹性。

清晰度（Articulation）

通过加强表面对比、方向指引的方法，可以更清晰地引导人的行为。当街道两侧的建筑物由商店过渡为住宅的时候，卵石铺地也再度回到道路的两侧。其结果是使人们行走的道路空间能够相对独立、脱离开建筑物边缘。

缓和（Relax）

从这个不是很典型的城市景象中，我们能够看到人和建筑物两者都自由地集聚在一起。一条自由的小路修建在缓冲区中；那看似漫不经心的排水沟，以及在道路中间种植的树木，表现出这个邻里休闲的、自得其乐的特点。与此形成鲜明对比的是那种把标准模式铺满所有街道、城市和其他区域的愚蠢做法，它们无法容纳异己，将本应丰富多彩的城市变得毫无区别。

旷野式的规划（Prairie Planning）

如果要给城镇景观下一个定义，我会说，一个房子是建筑（architecture）而两个房子就形成了城镇景观（townscape）。当两个房子并置在一起时，城镇景观的艺术也就随即产生了。一些诸如建筑之间的相互关系如何、建筑之间形成怎样的空间等等问题会立即出现，并显示出其重要性来。将这种情况成倍放大到城镇的尺度上，环境的艺术就产生了；建筑物间相互关系的可能性大大增加，而处理的方式和方法也多种多样。不多的几幢建筑物集聚在一起，也可以产生出戏剧化的、令人兴奋的空间效果。但是，看一看那些由开发商和地方政府建设出来的、不同类型的城镇和房地产项目，我们只能得出这样的结论：城镇景观的概念完全被忽视了（或者考虑得很少）。我们的设计依然处于非常初级的阶段，单体建筑物成了规划中最重要的内容与结果。如果把房子比作字母表中一个个单独的字母，那么它们组成的不是连续的语句，而完全是单调的、毫无意义的 AAA 或是 OOO！当代建筑师又如何在新的城镇设计中打破这种不良的、过时的 AAA-OOO 束缚呢？现在我们就以与这种评判标准不同的方式来看待它。

对页：一位在旷野式规划中的牺牲者，正在描绘他公开的抗议，怀念适度集中的城镇。

开放的郊区是工业化受害者的梦想，有一幢梦寐以求的房子，自己就能够坐在里面，绿树环绕四周，树枝倾斜下来，跨过几行豆荚，一直伸展到飘出"愿上帝保佑这个家"乐曲的窗口。建筑……如果是传统的形式，就更完美。

现在，我们就来看看这样的建筑会形成怎样的街道。图 2 是斯蒂芬艾治[1]的赛西小路（Sish Lane），

它曾经而且至今仍处于城市发展区域之外。在图 3 中，新的行列式开始出现……建筑物那种所谓理想的立面从此不断复制、向地平线延伸过去，如图 4 所示。AAA……OOO……，又一次出现了。

---

1 斯蒂芬艾治，Stevenage，英格兰东南部一个城区，位于伦敦北部，是根据 1946 年议会分散人口和工业密集法案所设计的第一个城镇。译者注。

5
7

6
8

　　这种相对孤立地段的发展特性可以从赫默尔亨普斯特德[1]新城的阿迪菲尔德（Adeyfield）社区空中影像图中看出来，如图5所示，这里的土地如此浪费、或者说根本没有被好好利用，以至于这里的家庭主妇都只能局限在那些移动的商店（travelling shops）中购物，如图6所示。这种情况如果出现在加拿大的大草原中人们也许能够理解，但在一个小的英国城镇中，这种情况只能说明发展已经完全不受控制——或是超出生活可达的范围。这种尺度"巨大症"（giantism）的另外一个副产品就是对那些没有建设的空间该如何利用的问题，如图7（斯蒂芬艾治）。用来建设道路？——道路只需要狭长的空间就可以了；铺成人行道如何？——如果道路是狭长的，那么这个人行道的范围将大得惊人——大到可以容纳下牛津大街上所有的购物者；而且铺砌的费用每平方码10先令够吗？显然不可能。那么种上草呢？——草坪需要维护修剪。要么种花？——依然需要维护，如图8所示（赫默尔）。

1　赫默尔亨普斯特德，Hemel Hempstead，是英国东南部一个享有自治特权的城市，位于伦敦西北。郊外居民区是这里一个重要的建设特征。译者注。

9

不管怎样，这种旷野式的规划给人的最主要印象就是大而无当，感觉那些2层楼的房子在这个空间中显得微不足道，就像是临时建筑一样，很难给人印象深刻。最后，它还会给人们带来萧条感。在这里徘徊，人们面对的是可怕的、不时被混凝土堆打断的旷野，会油然而生一种绝望感。必须说明的是：以上观察到的这些问题并不能归罪于建筑师，因为就建筑物本身而言还是成功的。事实上，建筑师本身是那些雇主的牺牲品，那些人具有根深蒂固的分散意识——他们认为有邻居不是好事情，理想的城镇就应该按照人们的意愿去建设的——或者说是空着的——一片旷野，如图9所示（斯蒂芬艾治）。

城市的一个基本的特征在于人口的聚居，以此产生社会的温暖。无论多么拥挤、邋遢、不卫生和不通风，老的城镇最能体现这一特点。没有了这个基本的特征，城市就不能称之为城市，我们可以把这一特征称为"城市性"（towniness），相比而言缺少空气只是一个小的麻烦。但在许多

新城中，这种特性究竟到哪里去了？是否新城镇就是为了全面否定旧的城镇而因此也同样否定了这种城市性？我们在这里完全看不到它的踪迹。取而代之的是一种新的观念，或许可以将其描述为"衰退"（ebbiness）——如退潮那样：是一种对孤立的崇拜。就像人们驾车去郊外，故意避免与他人接触，同时也装出旁若无人的样子。而结果却是自相矛盾的，它形成了集中的隔离区，完全违背城市性的特点，城市性必须由社会的推动而形成。物质空间的孤立会转化为心理上的孤立，一个典型的案例是对哈洛新城（Harlow New Town）一个老教堂的处理，如图10所示。很明显，规划者或许希望挖掘这个特别的建筑物的潜力，他们也许考虑过，抓住这样的建筑物可以形成一个提升和振兴的焦点，就像英国城镇规划中经常将教堂作为发展的核心区域那样。但最后，这个教堂却被绿地隔离出来，这里，上帝所能够支配的空间不大于一英亩，而所有的房子都将背向它。这样，即便是在最好的角度（这个角度的视野也还是被突然隔断了），如图11所示，看上去也很

10, 12, 14   11, 13, 15

生硬。接下来看看斯蒂芬艾治的一排商店，如图 12
所示，看看另外一个中心地段或者集会空间是如何
化为泡影的。这是一排柔和的、没有个性的、相互
之间仅仅是排列在一起的建筑物。应当产生的聚集
地被一条不断延长的线取代，群体关系分散，所尊
崇的是行列式的规则。这种分散的景象可以从赫默
尔的建筑中看到，如图 13 所示。这里的房屋类型多
样，处理好建筑物之间的相互关系或许可以使得这
里的空间更加人性化。给人的感觉就像建筑物之间
在共同协作那样。反过来，若建筑物面目雷同，不
注重方向感和高差的变化，我们得到的就不会是一
个整体的效果，而是一种阴沉的单调感。AAA……
OOO……。最后一个案例是赫默尔亨普斯特德的阿
迪菲尔德的社区中心，如图 14 所示。这里有一个宜
人的广场，其中包括了商店、酒馆、影剧院和教堂。
但事实上，或许是为了避免与它所服务的房屋发生
直接的关系，这个广场被安排在社区的一侧，如图
15 所示，最终失去了作为社区生活中心的意义。

布兰奇兰德[1] 的间歇（Interlude at Blanchland）

　　这里描述的新城镇与整个英国城镇规划、或者所有
城镇规划的传统截然相反。英国城镇规划以前较欧洲更
为开敞，但也是这种开敞破坏和阻碍了城镇的整体观念。
相比之下，诺森伯兰郡（Northumberland）的布兰奇
兰德虽大不过一个村庄，却具有明显的城镇特征。以下
页中的航拍为基础，这里以草图的形式描绘出一系列视
觉效果来说明这一点。

　　图 16　靠近入口。这道间隙在郊区中唤起了城市
的感觉

　　图 17　进入村庄，道路被对面的建筑物阻挡，让
人体会空间的围合感，并提示这里有新的空间线索将要
显现出来

　　图 18　转过拐角处，空间出人意料地向前延伸，
直到一个吸引人们目光的开敞的黑洞口前结束

16

17

18

1　布兰奇兰德，Blanchland，是英国勒姆郡的边界上
　一个历史悠久的美丽村庄，坐落在北奔宁山（North
　Pennines）区，是人们体验自然风景、乡村风景和领略
　历史风情的去处。译者注。

19

20

21

图19　在这个围合的空间一侧是繁忙的商店。在赶集的时候，这条宽敞的道路上到处都是货摊

图20　同时，转身向后看，一个内向、围合的区域呈现在眼前

图21　出口。这里的空间再次以实体的建筑物作为阻断，不是一个无限延伸的街道

对比右页上这两幅航拍图，图22是布兰奇兰德，图23则是克劳利[1]的城镇中心规划。规划的方式似乎刚好是完全相反。在上图中，村庄的中心作为一个城镇空间来对待，与周围的郊野形成对比；这里没有树，地面铺上了砖；它体现出一种人工的、有序的感觉。此外，建筑物的排列产生出一种围合的空间感，令人感觉舒适，在空间序列和功能上体现出戏剧化的效果。这些都是构成城镇的元素。要想有一个更新的案例来说明这一点，读者可参见本书148页，1915年在艾森（Eltham）建成的佳堂地产（Well Hall Estate）。克劳利的入口看上去就像一个完全为解决交通堵塞和人流拥挤的城市空间。在这方面它或许是成功的。但一切令人兴奋的、戏剧化的、围合的和让人惊讶的场景都是不存在的。所有的元素都聚在一处，却保持着彼此孤立，最后留下来的还是最初的状况：聚在一起却没有相互关系的道路、树木和建筑物。人们关心的不是城镇的景观而是对树的崇拜；我们建设的不是有节奏的街道，而是AAA……OOO……的单调重复；城镇没有被当作一个朴实亲切的，居民们可聚集在一起畅饮、游戏、交谈，并作为参与者在最高层次的文明活动——社会交往——中渐渐成熟的地方来建设，而是渐渐衰退；基于别人都是臭的理论，人们最大限度地保持着相互间的距离。

反映到城镇规划行业中，这种衰败表现为大量低密度住宅的建设——其结果是可叹的——两脚酸痛的家庭主妇，疲于奔忙的工人，没有终点的毫无特色的街道，因居住在一个非城又非乡的地方而产生的一种外地人或乡下人的抑郁感，还有因为郊区的扩张使人们永远也不可能进入一个真正的乡村。最后，城镇中不得不使用流动的商店，并以每平方码25先令的价格

1　克劳利：Crawley，英格兰东南部的一个市区，位于伦敦附近。它于1946年被指定为新城镇，以减缓伦敦的拥挤状况。译者注。

22, 23

进行大量不必要的铺装。总结起来，新城，除了有更好一些的房屋布局外，较原先的老居住区并没有太大长进。它们试图占据更多珍贵的土地，而这实际上是一个倒退。尽管它们的称谓赋予了它们权利，但新城除了在后勤上耗费了大量的能源、宣传和下拨的经费之外，应该实现的伟大事业却成为一团泡影，甚至比什么都没有还要糟——而至今竟未有人对此表示抗议。

经验法则（Rule of Thumb）

英国景观的破坏者是那些不住在当地的土地所有者。原来那些创造风景的主人早已不复存在，而新的土地所有者——当地或是国家的政府——却设在城市或城郊。渐渐地，那种由于对乡村的熟悉和热爱而产生的个人责任感开始淡化，取而代之的是一种普通的利益驱动和遥控：就如同亲生父母和养父母的区别一样（我们经常会路过一些村庄，它们的整齐和匀称显出与那些不整洁的、被肆意破坏的、日益衰败的村落之不同。因为它们依然是由某个家族所掌控的）。

此外还有这样一个事实，政府，正如其定义中的职责那样，对政治艺术的兴趣远超过对环境艺术的，景观因此就带有了政治的色彩，这是各种利益驱动的产物。一方面，它来源于营建新的住宅、电站、输电线、电气化铁路、军事基地、机场、停车场与道路、无线电发射站、采矿、采石场等等需要；另一方面源于保护机构的压力，如英格兰乡村保护慈善组织（C.P.R.E）[1]。

为了用简便的方法来解决这些矛盾，政府将制定出某种放之四海而皆准的法则，大体上把那些差的状况纠正到最好：经验法则式规划。这种情况其实不过是为虚假的设计寻找托辞。它由那些并不住在当地的土地所有者操刀，而这些人对景观的了解只是一些皮毛。这种情况很自然地导致了土地的滥用和破坏。或许可以用一个简单的比喻来说明这个问题。史密斯家通常会在周日吃烤羊羔肉，史密斯太太是一个善于购物的人，如果某天羊肉的质量不佳，她就会买一些别的东西来替代。当史密斯太太生了病，史密斯先生就会去购物，但他对购物并不在行，只是知道通常会在周日吃烤羊肉。这样，尽管那天的羊肉恰好是有害的，他还是坚持买了一只羊腿。经验法则式的购物无法替代有技巧的购物，同样经验法则式的规划也不能有效地取代景观艺术的实践。值得庆幸的是，乡村还没有被完全破坏，仍有一些"民兵队伍"谦虚地对他们所拥有的那片乡村进行研究，并准备抵抗那些经验法则式规划的强大力量。

下面就是一个例子。

宾厄姆的梅康比庄园（Bingham's Melcombe），一个位于多塞特[2]乡村的房屋，温暖舒适。建筑自身充满魅力，在宽阔的山谷中布局自由。建筑被列入了相关建筑名录，暗示出它所具有的公认的价值。峡谷本身风光优美，而且据我们所知，它已经被推荐成为"最高价值的景观"名录的成员。这里建筑和山谷是无法孤立对待的，如果破坏了峡谷的背景，建筑就会大为失色；同样，把这个建筑物换作一个煤气站，也会降低峡谷的价值。在这个土地所有者的范围内，靠近峡谷的地带，能明显看到一排很不协调的房屋。主人在这些房子前种植了一排栗树来遮挡它们，保持了整体感。如果采取的是波浪状的铁栏杆，这种不协调感就更强烈了。

因为这里恰巧在由普尔（Poole）到优维尔（Yeovil）之间，新的危机出现了，中央电力局准备架设一条132kV的高压线穿过这个山谷。这正是我们在此关注这个房屋的原因。一个由土地的主人、郡规划局和中央电力局三个利益相关者参与的会议，最终达成一致：高架将选择另外一条绕开峡谷的路线，穿越海拔更高一些的、没有居民的一片区域。这个协议后来被废除了，但在写这本书的时候，事情还是按照这样的方式执行了。

对此你也许会认为很平常，但当你意识到当地政府为保护多塞特美好景色而试图采取的经验法则时就不一样了。因为高压线塔有碍观瞻，因此就必须将其隐藏起来。通常，为避免电线杆破坏天际线，他们会不惜一切代价将其从山谷中穿过去就像周日的烤羊肉一样，即便有毒也要吃。很明显，电线在这里应当避开山谷，选择另外的路线。如果真的这样做了，它所建立起来的一切不再是不加选择地根据经验法则来做事，无论它是否出于世界上最好的意图。

注：经验法则在这场战斗中以失败告终。高压线塔如今向北移了3英里，很好地保护了宾厄姆的梅康比庄园和它所处的山谷。

---

1 C.P.R.E 是 "The charity dedicated to the protection of rural England" 的缩写。译者注。

2 多塞特，Dorset，英格兰西南部地区，位于英吉利海峡之畔，是盎格鲁－撒克逊王国之一、韦塞克斯王国的一部分，被用作托马斯·哈代许多小说的背景。译者注。

　　左上图是现状图。前景是宾厄姆的梅康比庄园。从这个角度望去，这里的主体景观被远处的别墅和农宅破坏了。右上图，主人种植了许多栗树，届时将遮挡住这些建筑物以保持整体性。但这里要是架设了那预想中的电线，一切都会变得混乱，如左下图所示。改变路线只是为了保护庄园和山谷的风景不被电线破坏。不选择山谷的线路并不一定就必须选择在山脊上；这是有别于经验规则的一种方式，它是有技巧地、灵活地利用地形和自然特征的方法。

经验法则（Rule of Thumb）

　　这是从宾厄姆的梅康比庄园的花园向外看的景象。展现出高压线塔将如何破坏一个重要且列入了建筑名录中的建筑的环境。

　　高压线塔随着乡村道路延伸。从经验法则式的规划来看，这样做，绝大多数人在绝大多数时间都会看到它们。

　　这是从山谷中看的效果，可以看到田园诗般的景象是如何被高压线塔破坏的，这些高压线塔偶尔为了得到一条笔直的路径，将削去一些转角并砍伐掉一些树木。

灵活性（Adaptability）

高压线塔将影响这个建筑，但如果要比较这两者哪种更差，很少人会认为这样的情况更差。

这条路的大部分被一丛高高的树篱遮挡，有效地挡住了后面的高压线塔。

在没有树篱的区域，这成排的高压线塔将被山体的坡度遮挡，就像在这张图中所画的那样。我们所需的正是这种认真的景观设计，而不是经验法则。

街道照明（Street Lignting）

这里，我们讨论的是现代公共照明设施在城镇中的影响，主要内容不涉及灯具自身的设计。当然，这两者是密不可分的，因为在所有的城镇景观中，我们所关注的有两个方面：第一，物体自身的设计；第二，相互之间的关系，或者说是将各种设计过的东西如何放置在一起。当然，我们仍需感谢工业设计委员会为提高灯具设计水平所付出的努力，这里所关注的是将灯具安装起来的整体效果。

街道照明有两个方面的问题：工程师对照明的技术要求；人们对照明的舒适度和城镇景观效果的要求。

近来（战后），英国的照明设施是根据轮廓视觉原理（principle of silhouette vision），或者说是路面的照度来确定的。要想模仿日光——道路表面和它上面的物体都能够从三维空间中看清楚，并有良好的显色性——从经济上讲是不允许的；因此改为选用低亮度的照明方式，在路面上产生均匀反射，这样，路面上的物体看上去有它的轮廓，然后你们可以分辨出人、狗、汽车或障碍物，等等[就像英国建筑执业法规（British Standard Code of Practice,简写为 CP）1004：1952 中那样]。

照明系统的基本要求是对路面的均匀照射，不应留下黑暗的区域。为取得这种效果，光源的安置必须保证相互之间有某种精确的关系，尤其是在转弯路段。

照明设备的高度、悬臂、和基座开始形成某些惯例。加上执业法规中对（灯柱）底托高度分 A（25 英尺）和 B（15 英尺）两种道路类型进行了推荐。于是，在这些权威和惯例下，现代照明设施就像一排兵蚁穿过城镇。

现在不妨看一下城镇景观方面的问题。在照明设施严格的规定与城乡的实际条件之间存在着明显不相容的情况。大致来讲，城镇景观设计师向工程师提出了三点要求。

要做到：尺度的统一
　　　　动静的协调
　　　　得体

尺度的统一：照明装置必须符合街道或环境的尺度，如果蔑视这些原则，其结果要么就是装置过高、过分引人注目而使建筑物像玩具一样缺乏严肃性；要么就是尺度太小，无关紧要，像在第 130 页的金斯维（Kingsway）案例中那样，没有为丰富整个场景做出贡献（这是好的布置应当做到的）。

动静的协调：这意味着与运动的协调一致。当然，多数的照明设施都是设置在街道上的，因此最主要表达出来的运线都是直线的。但是，城镇景观专业的学生也必须明白城镇中还存在多种围合空间：方形的、月牙形的、曲线形的、有焦点的、闭合的，等等，都表达了一种静止的感觉。在这样的地方，灯具的安置不应该采取一种表达动感的模式来分解与破坏这种静止的特性，尤其在白天。

得体：在许多时间和场合，采用传统的灯具会与环境格格不入。如果试图在某座新的、就像一道坚固的水泥雕塑般的桥梁上采用传统的照明方式，将灯具安装在栏杆的立柱上，其结果将破坏整个景观。在一些诸如牛津市拉德克利夫图片馆（Radcliffe Camera）的地方，人们同样会发现采用通常的照明方式无法与这个特殊地方相协调。换句话说，就像后面的案例将要显示的那样，很多时候，打破常规的解决方式是必须的，即便这种方式意味着一定程度的牺牲和对独创性的挑战。

但是，如果城镇景观设计者认为创造并保护城市的价值是基本要求，而同时照明工程师却把"有效照明"摆在首位、而且不可妥协，我们就会遇到一个死结。好在情况并非不可改变。即便假设轮廓视觉将被长期保留，执业法规中对 A、B 两种道路灯具高度分别为 25 英尺和 15 英尺的要求看上去更像一个强加在规范之外的东西，而不是一个规范中的内容。很清楚，出发点是为了形成完全相同的表面亮度，而不是如何来达到这种目的。原有的系统方法在莫尔伯勒(Marlborough)遭受惨败，成为这方面的先例。在英国皇家艺术委员会(Royal Fine Art Commission)的坚持下，为保护这里的整体尺度，尽管这条干道属于 A 型道路，但光源的高度却采用了 20 英尺。此外，轮廓视觉的方法究其自身而言，并不是一种理想的照明模式。如果一个轮廓位于另外一个轮廓之后，人们就只能看到一个物体，无法预见车辆后面可能走出来的行人对司机而言是危险的。但更强的光源早已在市场上流行，它们的效果更接近于正常的三维效果。这些光源的出现显然会对整个轮廓视觉图层那难以理解的体系造成威胁。因为光线越亮，人们可以采用的安装布局方法就越是灵活。

现在，关于照明的主旨逐渐明朗起来。我们所提出的是对自由度的呼吁。当照明工程师理解了城镇空间的景色，他就会立刻作出反应，巧妙地处理光线。因为没有人能够比照明工程师更清楚他的手段是多么的多样。在我看来，如果把照明设施的设计看作是一门严格的科学，多少是把它拔高了一些，其结果将形成教条式的决策；如果将照明设施看作是城市结构中一个单独的设计部分，结果必将造成滥用、失去机会；而如果将这种灯光看作一种与商店橱窗照明、泛光灯照明、家庭照明等等不同的一种照明形式，结果只能是对营造风景毫无意义。

我们所需要做的是将街道的照明与城镇的基础结构和特性结合起来，无论是在白天还是在黑夜，要运用所有的知识和对我们的城镇和都市的爱，对灯具和光源进行巧妙地处理。

1

2

执业法规 （Code of practice）

"轮廓视觉"通常是指道路表面的亮度能够以轮廓的形式显示出上面的物体，这并非是一种最好的状况。进行三维立体照明被看作是无法实现的；图1显示的是想要用人工照明取得正常视觉效果的荒唐做法。因此，以轮廓视觉为基础的执业法规以及它对环境的无礼和麻木开始影响着城市，如图2所示；图3，这是所有的东西都遵循自我的法则、彼此之间毫无联系的效果。

3

4

5

6

7

城镇景观的统一：尺度
(The townscape unities：scale)

　　每个人都希望有好的照明。我们相信尊重环境并不排斥好的照明。如上所述，城镇景观设计师向工程师提出的三个设计要求，首要的即要注意尺度。这种想法非常简单；关于路灯与环境尺度相协调的例子请参见上面图4中的海特菲尔德(Hatfield)、图5的杜尔威治（Dulwich）和图6的皮姆利克（Pimlico）。下面的图片表示的是三种错误做法，其中两个，图7和图8时路灯尺度太大；而在图9的金斯维（Kingsway），这里灯具太小，对环境没有任何作用。

8

9

10

动静的协调
(Kinetic unity)

　　动静的协调可能更难以察觉，但却会对环境产生至关重要的影响。如图10所示，我们看到的是一个村庄的场景，建筑凹向两侧、桥梁远端的景色被树木所遮挡，这使得这条商业街有一种围合感（一种富有个性的感觉）。整个场景是静态的。在图11中，一列装置穿过街道并在树间辟出断开的空间。整个动静的关系被打破了。

11

12

13

14

得体（Propriety）

许多事例表明，传统的照明安装方式是根本无法满足人们的要求的。那些灯具无法使整个场景的景观效果得到提升，但照明却是不可或缺的。在巴黎的卡卢塞尔桥[1]上，路灯被安置在伸缩杆上，夜间可升起来使用。上面的图 12 中，在迪南[2]默兹河[3]的这座桥上，路灯建在栏杆扶手中（见剖面图）。在牛津的拉德克利夫图片馆，图 13，人们将看到这里惟一的解决途径是使用泛光灯，如图 14 所示。所有这多种的解决方式都会需要增加费用，而我们所达到的这种灵活的效果所增加的费用只比原先多 5%。

1　卡卢塞尔桥，Pont du Carrousel，巴黎的一座著名桥梁，始建于 1831 年，由于一端通向的 Place du Carrousel 被译为"骑兵广场"，而另一端直面卢浮宫，因此也被译为"骑兵桥"、"骑战桥"、"战骑桥"或卢浮宫桥。译者注。

2　迪南，Dinant，比利时瓦隆区那慕尔省的城市。默兹河穿过整个迪南，风景如画，可以体会到浓厚的欧洲中世纪风情。城市旁边的断崖上是迪南的城堡。历史上曾以金属工艺制品闻名，现为铁路枢纽和旅游中心。迪南总人口为 12907 人（2005 年 1 月 1 日），总面积为 99.80 平方公里。译者注。

3　默兹河，Meuse，西欧的一条河流，长 901 公里（560 英里），源自法国东北部，流经比利时南部，在荷兰东南部注入北海，在两次世界大战期间此流域是激烈的战场。译者注。

15

16

走向自由（Towards flexibility）

一旦基本的城镇景观要求得到满足，为推进自由度的工作就开始了。

莫尔伯勒最近安装了高 20 英尺的灯具，如图 15 所示（这与图 16 中执业法规规定的 25 英尺是对立的）。图 17 和图 18 显示了道路的表面可以在不同高度的路灯下获得均匀的照明。

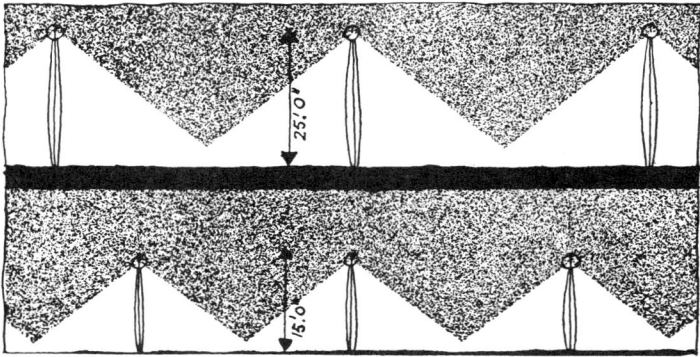

17

18

圣邦格拉[1]周边的照明试用了新的强大光源，使我们脱离了那种遵循轮廓视觉原理的照明方式。如图 19 和图 20 所示。

19 之前（遵循轮廓视觉原理的照明效果）

20 后来（试用新光源后的效果）

---

1 圣邦格拉，St Pancras，位于伦敦中心地区，著名的英国国家图书馆就在这个地区。译者注。

21

自由（Flexibility）

　　以下我们很高兴地向诸位介绍一个由两位照明工程师——别克莱尔（C.R.Bicknell）和格兰迪（J.T.Grundy）——设计的新模型，用以说明它们在公共照明工程师协会上所作报告的内容。为说明照明装饰的视觉影响无论在白天还是在黑夜都是与它们的科学效果同等重要，这两位工程师将此论点用这个模型来加以表达。

　　在维也纳，我们引用了利奥波德·芬克（Leopold Fink）博士的话来对光线加以安排，如左图所示："顶棚下和台阶上的投影表明了形状特征，花丛上的光线成为这个图像中最柔和的元素。对灯具位置的任何改变都将破坏这个景象。那些负责城镇照明的专业人员应当了解实现这种效果的具体位置。只要他热爱他的城市和他的工作，他就一定能够做到。"

　　在下面的图 22 和图 23 两幅图中，显示了同样场景的不同灯光效果。从左向右看：道路照明用的是 20 英尺高的灯柱，这样使树木得到保护；教堂彩色玻璃窗成为街道景观的收尾；主要的十字路口安装 35 英尺高的灯柱，用以为司机们照明指路；前面的小建筑上安装了墙灯；安装在交通安全岛上的金属钠雾灯将教堂的钟塔照亮；市政厅前的广场安装了 25 英尺高的灯；公共汽车站上安装了墙灯；广告由泛光灯照射；公寓楼由泛光灯照明；战争纪念碑由水下的装饰灯照亮；有幕墙的建筑采用了室内的道路照明灯，透过建筑的内部来进行夜间照明。必须严格避免。

22, 23

户外广告（Outdoor Publicity）

　　街头广告对现代城镇景观有重要贡献，它们在你所见的每个地方都惊人地醒目，却又几乎被城镇规划者完全忽略。规划者对新城市景象的构思中往往很少会涉及广告。但是在现实生活中，广告却是最有特色的，同时也是潜在的、对20世纪城镇景象最有价值的东西。夜间，广告将形成一道前所未有的新景观。奇怪的图案悬浮在天空中，巨大的标志传递着信息，灯光闪烁，川流不息，令人着迷。但规划者对这一切却似乎无动于衷。对广告必须采取分段管理是毋庸置疑的；上图中所表现的不适当的情况明显需要预防。而那些在对新的城镇进行景观规划时完全不顾整个广告领域的做法，就像过去设计者可以根据自身的喜好而忽略各种因素那样，是一种假装绅士的做法。

宽阔的大街，庸俗却有生机；应当有所超越而不该模仿（见第69页）。

本页与对页：绘画和文字广告成为建筑物的装饰。这种情况可以是规规矩矩的，也可以是稀奇古怪的，但每种方式都能够产生出丰富的色彩和形式的效果，令人愉悦。

通常，会有这样四种反对街道广告的主要理由：

1. 广告与周围物体无法协调，因此破坏了宜人的环境；

2. 广告干扰了公众的信息来源，人们别无选择地注意它们；

3. 广告造成了公共环境的庸俗化，降低了公众的品位；

4. 它们分散了司机和行人的注意力。

逐条对这些观点进行分析是很有必要的；因为它们可以被看作是城镇和乡村户外广告的典型问题。

第1条：尤芬顿（Uffington）的白马商店（the White Horse）和舍勒·阿巴斯巨人（Giant of Cerne Abbas）都是与周围尺度极不协调的。

当你第一眼见到它们的时候，你会大吃一惊。但它们并没有降低景观效果。它们采用了尺度上的不协调来达到引人注意的目的。但是，如果白马旅馆所做的是威士忌的广告，而巨人国酒吧需要打造的是一种返老还童的品牌，那么它们就会产生另外一种不协调。这样我们就发现了两种不协调的类型，一种是视觉上的，另一种是伦理方面的。回到城市中，到这个拥有繁忙的街道和集市、戏院和舞厅的名利场（Vanity Fair）中，第二种不协调神奇地消失了。人们仍然喜欢买东西和卖东西、喜欢宣传和注视。这是我们文明的一个部分。广告作为一个普通的现代城市生活元素而被人们接受。这样，就只剩下了视觉不协调的问题，当然，这是城镇景观规划者应当更快接受的重要的辅助

手段。如果读者有可能将整个城市视为一道人造的风景，那么不妨让我们将山上的白马旅馆和巨人酒吧解释为由广告、砖块和灰泥构成的一个整体。

第 2 条：广告干扰了公众的信息来源是非常正确的，但是我们也难以再找出另一个合适而且方便的地方。

第 3 条：广告降低了公众的品位。但公众的品位早已经庸俗化，不过这种粗俗化还有一个优点，就是充满活力。将广告放到夹缝之中加以抑制，也不会提高公众的品位，只是减少了它的活力。解决方法当然是让公众表达出他们的粗俗，因为表达本身就是一种教育。这样，公众和广告都能够得到共同的提高。

第 4 条：广告分散了司机的注意力。从这点上看，它的确是有害的，城镇景观规划师必须牢牢记住这一点，但这种危害经常在反对广告的斗争中被放大了。

将广告的技术加以延伸，运用到某些战时的展览中，可以给整个区域带来广告的效益。戏剧化地改变舍勒·阿巴斯巨人的尺度，使之融入到城市构成之中。

右下图：改变尺度，用巨大的文字可以将最普通的房子变成小巧的别墅。虽然这样做有时效果不佳，但在视觉上却是有可能性的。

左下图：日常生活中的背景。

墙面（The Wall）

所有的活动都要根据人们所能接受的限度遵守一定的规矩，对墙的做法亦是如此。而在墙面景观方面，第一个需要探讨的问题，就是如何在遵循这种规矩的条件下达到最佳效果。为此，不妨援引一个经典的案例来说明问题，我们也许会看到一些用燧石砌筑的墙，那些小圆石头拼合成了令人愉悦的肌理。这样，如果把墙的质感作为人们所关注的对象，而且力图突出这种效果，墙面的粉刷应当是白色的，而不是灰色、红色或是蓝色，这样能够在图案之外获得最佳的光影效果。在当地建筑材料以及沿街建筑环境的条件之下，这是能够达到的最佳效果。我相信，在所有墙面景观中，要想获得最佳的效果，都需要通过一种或者另一种途径才能达到。

这无疑是进行展示的第一个方面；而第二个方面或许与此不同，是关于空白墙面的处理问题。这个问题很简单，但是要想清晰地表达出来且不会引起人们的误读却不容易。其危险在于人们认为提倡装饰就是将结构的正确含义用不相干的表层处理伪装起来。实际上，对那些将全部身心都扑在建筑上的人而言，空白的表面代表了一种机会、一种尝试，就像一张闪亮的白纸对于一个艺术家而言意味着某种创新那样。对功能的强调和解释是合理控制的基础。例如，菱形花纹的织物或许会因为它活泼的图案，以及对传统结构戏剧化的夸张而使人们产生某种联想。时至今日，由于结构的类型越来越多，对空白空间的利用可以采取其他一些更为合适的方法。现在，波形装饰受到人们的喜爱，它没有方向、需要占据较大的空间，可以用于混凝土建筑中，以仿效这种建设形式的平衡与同质。

壁画是人们普遍接受的一种形式，就像一种大幅的画架画。这里要讨论的并不是壁画本身，虽然每个墙面本身在某种程度上都可以看作是一种壁画。

但需要澄清的是，用在这里的"墙面景观"（Wallscape）这个词汇从其本义上说是源于其固有的结构，无论它是玻璃的反射、钢架的形式或是对结构方式的表达。

关于这些观点的视觉描述，本书将在后面几页中列举许多现代的和传统的案例来加以阐述。

细部观察 (Seeing in detail)

我们不妨将一面墙从其环境中孤立出来,如左图所示,并将这个片段视作一张图画。只有做到这一点,我们才能将许多对墙面景观的习惯反应从我们身上排除出去,这样做更适合规划和建设,因为那些习惯反应会阻碍我们用画家的眼睛来看这面墙。那么这张图画都有哪些特性?特征包括:色彩、肌理、光影关系、图案以及建筑结构和机械设备所固有的特殊形状。

要想让一堵墙吸引人们的眼光,挂上一幅织锦或者壁画就能够得到人们的喜爱和关注。如果墙面看上去就像图画(如这些照片所显示的那样),那么从很大的程度上讲,它就是一幅画,虽然抽象,却不再平凡和空空荡荡。

吸引眼球（Catching the eye）

一张奇特的画，显然是建筑翻新改造中的醒目之处，却包含了墙面景观进行舞台布景的基本品质。就像雕塑的特性就是为了让人们看——被人发觉——那样，突破了传统的束缚，将它们自身贡献给了街道。

在后面的案例中，墙的主题以绘画或者浅浮雕为主，说明了好的墙面景观的积极本性。要想找到一个简明的词汇来形容这一点是很困难的。展示的涵义背上了太多沉甸甸的包袱，而景色本身又是如此反对创新、反对吸引人们的视线。

图1：一反单调的黑白形式，这个大门采用了磨光的黄铜台阶和装饰感强烈的瓷砖。这是对街道的一种姿态，设计来吸引人们观看。它由结构元素组成，并由结构表达出来。

1

2, 3
4, 5

图2：有所展示与不经处理的墙面之间的对比。

图3：不采用单一的处理方式，而是强调肌理的不同，这堵墙充满了生气和活力。

图4：阳光直射下来，还有什么比这种将一根木头趁泥灰还未干的时候插到其中去更容易获得（即便你关注的是那些线条）有趣的光影效果的呢？

图5：有如挂毯般的墙面。

6

7

充分利用表面
(Exploiting the surface)

图6和图7是两种新颖的图案，带有回纹饰的山墙板和大门。在这个特殊的时间和地点适当利用这些图案，会产生吸引眼球的效果——无论在屋脊上、勒脚上、大门的周边以及浮雕柱上。目的很明确：通过对功能性主题的解释，空洞无物的空间也获得了生机。人们的视线不是向别的地方滑开去而是充满了兴趣；这一切也不是由自然的肌理得来的，而是由新颖的图案造成的。更多的案例可以在下一页中看到。

8

9

10

11

　　墙面景观意味着更深程度的视觉创造。这里的重点在于最初填补空白的愿望，尽管不同的年代对空白的理解有不同的看法。

　　一个空白的表面，最简单的填充方法无疑是画上流动的线条，就像儿时的涂鸦那样。毫不奇怪，图8是以涂料绘制的墙面，是一种古老的乡村艺术。图9表现的是 1937 年巴黎博览会所采用的方法，主旨

思想是相同的，不过是一个更现代的版本。

　　下面是两个以砖石为主题的案例。图 10 中采用了自由的、超现实主义的手法，用错觉的方法来模拟石头，并使其成为一道令人震撼的风景。图11 介乎肌理和新颖的图案之间，上下层交接处的有意夸大产生一种线性的感觉，给人留下深刻的印象。

做到极致（Making the most of it）

石头：石头被大部分用作承重结构材料的日子已经远去。今天，它更多地被用来作饰面板。图12中，有了条形窗户的衬托和特殊的梯形设计，这道墙面看上去非常简单。在现代作品中，石头的另一用途是作为结构的掩饰，图13这种丰富而高贵的效果就是其模仿的原型，这是一种很传统的做法，其中有两种不同的处理方式。这两种方式都形成了生动的图案，其中之一以灰泥为主，少量石头嵌入其中；而另外一种——却是以石头为主，灰泥在其中形成特有的图案。

砖：在图14中，建筑的结构通过一个小单元——砖头——的不断重复，并根据单元的尺度进行了凹凸的调整，最终获得了纪念性的效果。

涂色：涂色或许比其他的方式更容易表现墙面的景观效果。伦敦最令人愉悦的景观是那些用色彩鲜艳的油漆粉刷过的阳台在春天的阳光中光彩夺目的样子。图15是采用这种方法的又一例证。

英国的气候 (The English Climate)

在自然环境中进行日常活动的愿望是浪漫的：野炊、宿营以及露天的舞蹈令人向往。上图中的这位看上去就像拉美西斯（Rameses）般的先生虽然脸上长满了胡须，却仍有一颗未泯的童心。城市也是一样，充满了美景、戏剧、车流、人流、河流和各种各样的东西。但是，我们多久才能有一个机会坐下来静静地欣赏它们呢？听上去很矛盾的是：没有多少城市是开放式的，绝大多数城市还是封闭的；英国城市的每个小细胞都是自给自足的，而英国人也很少意识到自身的这种封闭型城市和欧洲大陆那些开放型的城市存在着多么巨大的差别。在欧洲，人们可以在街道中坐下来，注视着周围的情况——包括了这个充满诱惑力的词汇："欧洲大陆"（continental）所指代的一切。其原因并不在英国人的习惯本身，而在于英国的气候。在技术化时代到来之前，除了乔治王时代人们曾将室外环境引入室内之外［在拉内拉赫[1]或莱斯特广场圆形大厅（Leicester Square Rotunda）中］，人们对此一直是无能为力的。今天，气候方面的问题已经能够在实践中得到较好的解决。其重要的意义还有待人们去认识和体会。一台用于与恶劣气候作斗争的精巧设备，就能够将我们从最恶劣的情况快速带到最令人喜爱的气候条件中，这样，当人们不必躲避户外的气候条件时，雨、云和闪耀的阳光都成为引人入胜的享受——更不用说那些吸引莫奈和诸多印象派画家蜂拥至伦敦而沉醉其间的薄雾和阴霾了。这是一个英国所特有的问题，但立刻摆脱它并不见得是件好事情，美国人为此找出了一些方法。我们所需要的是应对各种气候条件的途径（通过专家的关注），使人们在英国的冬天也可以享受户外活动的乐趣。下面的一些建议并不是所有的可能；他们仅仅是抛砖引玉，吸引公园——还有码头——家具的设计者走向开放。

图 a、图 b 和图 c 都是人们所熟悉的，用来在英国不利的气候条件下"享受户外"的装置。图 a 是一个精巧的设计，但往往由于锈蚀或植物的爬藤而无法再转动；图 b 需要很多的钱和空间；图 c 很令人陶醉却难以实施，因为一年中很多的时候，风和雨往往会使得这个小空间无法使用。

自然的庇护所。在温度适宜的气候条件下，户外小憩的最大威慑力量来自风和雨。即便在冬天，气温也不总是低到人们在无风的时候也无法在户外停留。问题出来了，为什么不建设一个遮风避雨又能够有新鲜空气的庇护所呢？图 d 中所显示的这种特殊装置中间插有一个随风转动的风向装置，（带动底下空间的受风面

a   *b*   *c*   *d*

1　拉内拉赫，Ranelagh，伦敦早期的商业性公园，1730 年开始营业，应当是伦敦中产阶级的崛起而开始出现的公众游乐场所。译者注。

e

f

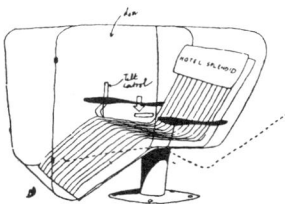

g

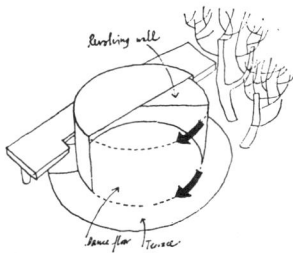

h

i

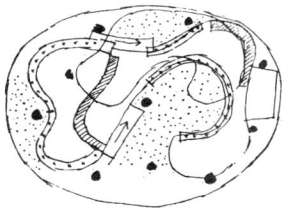

j

k

总是封闭的那一面），人们感受不到气流穿过，太阳光通过辐射使内部温暖。这个装置由铸造的有机玻璃做成，一道铝制的百叶安装在青铜的轨道上。它很适用于花园、平坦的屋顶、散步场所、码头，事实上，它适用于任何地方。图 *e* 将这种方式进行了拓展，阳光照射在屋顶上。更个性化的旋转座椅，如图 *g* 所示，就像图 *f* 中的转椅那样，是由有机玻璃和铝合金做成的。

有空调的庇护所。它有多种类型。最简单的莫过于对自然场所得稍加改造，让热量和新鲜空气能够从屋顶进入，如图 *f* 所示。在码头、公园、南方银行 (South Bank)、莱斯特广场或是王子公园 (Prince's Gardens)，向投币口投入 6 便士的硬币能够让你在其中沐浴两个小时精心准备的阳光；或是在雨的海洋中，欣赏磅礴而壮观的景象。

机械化的庇护所。有一扇普通的窗户或许就算得上一个机械化的庇护所，因为人们可以在严寒和暴风雨的时候将其关闭。在天气好的时候，人们可以在户外进行各种各样的活动，如：跳舞、吃饭，等等。可以旋转或是滑动的结构，就像香榭丽舍 (Champs Elysées) 大街科利斯酒店 (Colisée) 的咖啡馆那样，保障了无论天气好坏都可以最大限度地使用。如图 *h* 和图 *i* 所示是带有旋转墙体的舞厅；图 *j* 和图 *k* 是带有滑动墙面的餐厅或酒吧。在图 *j* 的平面中，×××代表可以滑动的玻璃门；斜纹填充代表吧台区或备餐区；散点代表座位空间；箭头代表玻璃墙体滑行的斜面方向。

可供参考的先例（Casebook Precedents）

虽不是一项大众化的艺术，城镇景观仍可被称作是一门新的艺术。虽然它还从来没有在国家的尺度上实践过，但这并不等于它的规律在 20 世纪从来没有被某些具有洞察力的建筑师运用过。一个经过认真设计的住宅项目和周边花园常常出自一些不知名的规划师之手。这里就有两例。第一个案例早已在《城市规划评论》（*Town Planning Review*）杂志上由彼尔弗（S.L.G. Beaufoy）撰文发表，讲述了 1915 年位于艾森的佳堂地产项目。第二个

案例建于 1953 年，在巴兹尔登[1]的里德克雷弗大街（Redgrave Road）。尽管规模很小，但这草图本中的案例所表现的宁静的变革却通过一种积极的视觉方针，填补了建筑设计规则中的空白。这样的原型能够给设计者提供一些有效衡量其工作效果的准绳，同时也为那些感觉自己在孤身奋斗的设计师们带来了意想不到却又安全可靠的支持。以下这些案例正是基于这样一种原型，它们也值得成为所有城镇设计教材中的案例。

1915 年，艾森，佳堂地产（1915 Well Hall Estate, Eltham）

这里，绵延起伏的乡村开放绿地与敦实密集的街道产生了突然的对比。在这张图画中，街道景观沿着这条迂回的坡道……在人们的期望中……向前不断伸展。道路明确的层次使整个道路的空间关系得到更清晰的表达。人字形的山墙是这里的主体。右侧的 建筑物 使道路在这里产生了一个曲线的转弯，同时对面的山墙也吸引了人们的视线。 不断重复 的山墙随着距离的变化在几何上逐渐弱化，而这同时也避免了由于过于规则而产生的道路景观的呆板。

建筑师：
白恩斯（BAINES）先生，后为弗兰克爵士（SIR FRANK）
A·J·皮切尔（PITCHER）、 G·E·菲利普、
J·A·波顿（BOWDEN）、 G.帕克（PARKER）

---

1 巴兹尔登，Basildon。英格兰东南部一郊区，位于伦敦东北偏东。译者注。

直接利用 [高差] 强调迂回的曲线，给街道带来了令人喜爱的丰富变化（就像观赏对面斜坡上的花园那样）。在某些部分，建筑物建在高于道路的地方，形成令人惊讶的、离经叛道的丰富而相互独立的群体，但这却为创造城市的特色贡献了重要力量。

STARKEYS ALES

← 本应如此

不过，功能的单一是这个项目的失败之处。这里急需商店、 [酒吧] 这类人们可以进行社会交往的场所。人们渴望在这里能够有遮阳蓬或是小酒馆的招牌，但这个愿望却从未实现。

人行道不仅仅是两墙之间留出来的、让人穿行的通道，它是系列空间的对比。 [室外] 与 [室内] 的不同之处引起了人们的好奇与期望。

场地上所有的树木都得到了保留，这张草图显示了如何利用一棵 [树] 在这段蜿蜒绕行的道路上形成具有围合感的空间。

综合说明：

如果把规则描述为从丰富的先例中概括出来的某种法定的形式，那么或许我们可以说，在这个项目和德克雷弗大街的布局方面，建筑师却是对这丰富的形式加以了提炼。因为这两个案例都没有遵循原有的建筑路线，否则就不会取得成功。

1953 年，巴兹尔登新城，里德克雷弗大街 (Redgrave Rd. Basildon New Town)

总建筑师：
诺埃尔·特威德尔 (NOEL TWEDDELL)
助理建筑师：
约翰·格雷厄姆 (JOHN GRAHAM)
约翰·牛顿 (JOHN NEWTON)
景观顾问：西尔维亚·克劳 (SYLVIA CROWE)

在这个场地中，建筑师会发现，除了展现的这个区域之外，其余的场地采用的都是典型的、投机式的 方格状 路网。投机的建设方式和所展示的建筑师设计布局之间的区别在 这里 表现得淋漓尽致。人们在此同时可以看到房屋的布局……这对使用者意味着什么呢？

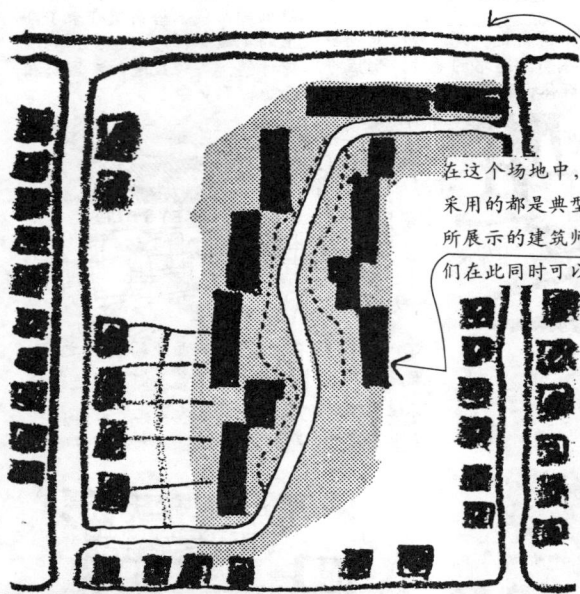

投机式的建筑布局，如上图所示，造就了一个没有尽头的景观，让人们感到"我在这里就像一只过路的飞鸟"。下图中是建筑师的方案…… 突出的建筑物 使空间围合并富有个性，让人产生一种归属感："我就住在这里"。
在辅助设计中，最重要的是对道路和铺地的处理；其次是植物的运用；第三是色彩的使用。这些在对页中都有具体的说明。

尽管整条道路从视觉上看是一个整体，也就是说它简单、容易被人们理解，但它也可以被描述为一曲由各种符号谱成的和弦乐章。这里的道路和铺地之间有明显区别，后者选择了其 （自身的路线） 并没有与汽车路线捆绑向前。在这张草图中，铺地突然离开了大路而向那些房屋伸展过去。

要做到这点，第二个因素——植物，就开始发挥作用了。灌木篱被保留下来为建筑师的整体部署提供了额外的设计元素。注意这些步行道是如何穿过树篱而形成一曲小调般的愉悦的，而步行道在隐没 （在树篱后） 又是如何发生变化的。素材虽小，却增添了情趣。

灰色
门
红色
赤褐色
没变色

色彩同样也可用来强调设计的格调，建筑物面向主要街道的墙面都刷上了不同的色彩。

MORAL

格言：这里所见到的城镇景观并不是简单的装饰、不是一种用鹅卵石填补空白空间的形式或方法：它可以被视作一门运用天然的素材——房屋、树木和道路——来创造活泼而人性化景色的艺术。

在接下来的三幅系列照片中，我们可以看到建筑和植物相互陪衬的关系。没有装饰，建筑的竖向线条……

树木配植（Trees Incorporated）

在对景观塑造方面，由于树木和建筑采用的是两种不同的标准和让人们接受的方式，因此它们之间早已形成了一种特殊的相互关系。同时，也就开始了两者之间的相互妥协。除了因为种类的不同而具有不同风格之外，树木始终保持着雷同的效果，而建筑物却在新技术和新功能下千变万化。其变化的程度到今天是如此之大，因此，有必要对建筑与树木之间的关系进行重新评价。在过去，建筑物的构思完全只考虑自身，考虑内容包括丰富多样的体量与立面关系、样式、附属物和质感等，使其成为一件自我完善的艺术品。今天，建筑师寻求对建筑物最大限度的简化，其结果必然是除建筑整体外形之外很少再能激起眼球的兴趣。这个转化就像左上的两张照片显示的那样，这些建筑的从属部分，包括雕塑，都被推到景观之中——就像亚当和夏娃被逐出伊甸园（或者说那个建筑物）那样。其结论是：景观对建筑师来说变得越来越重要，他狭小的、由石头和

灰泥组成的世界开始逐渐扩大，跨过草地、街道、铺地和灯柱。景观逐渐成为建筑的一部分。对丰富景观的需要使得建筑师除了采用自然石墙、马赛克、壁画和彩绘之外，还需要依靠许多室内和室外的植物，当然，也包括树木。今天，将树木和建筑相结合的艺术建立起来，其基础在于树木将它们的丰富带给建筑，而建筑又赋予树木以建筑的品质，这样，两者的结合完成了一曲合奏。

在方案的设计中，首先需要考虑的是布局的形式。树木的形态并非都像海绵插在火柴棍上那样，而是有令人惊讶的多种类型。第153页到154页下部的图片是四种不同的树木与建筑的配合效果。

右图，高大的建筑和低矮的树木。这种隔断的效果可以用来表达两者的分离。

再右边的图，低矮的建筑和高大的树木。就像锁在金笼中的鸟，产生一种水平和垂直的对比。

……强调了建筑是按照自身结构进行建造的，而这样的背景使这些生长的植物突然展现出自身的特色……

……仿佛是对竖向造型的回应：这貌似枝状大烛台的植物所展现出来的植物本色与建筑物相映成趣

左下图　低矮的建筑和低矮的树木。这是一种度身定做的效果，保持了小的尺度和亲密的效果

右图　高大的建筑物和高大的树木，对竖向的强调产生出特殊的动感和节奏感

光影（Shadow）

最简洁明了的表面处理方式是光影下的墙面，树和建筑看上去就像在同一个平面上一样。

屏风（Screen）

树叶在这里的效果非常重要，从柽柳羽翼般的叶子到桉树闪亮的叶片，树叶的类型多种多样，从半透明到不透明，从大到小。

当整个墙面消失成为周边树木的一个反射面的时候，这个玻璃房子有如贴上了一面自由的墙纸

线条（Line）

从弯曲的水榆和交错分枝的榆树，树木创造出多种多样有如书法的线条效果。

几何形（Geometry）

因为那里的树木和植物显示出更直接的结构形态，因此几何形更适合热带国家。建筑的几何形状可以与奇异的植物几何形体结合在一起。

动感（Mobile）

　　风吹动的树枝与树叶，在平直的墙面上产生出一种动感。

雕塑感（Sculpture）

　　同样，各种各样的树木都有机会成为样本，人们可以像挑选艺术品那样选择树种。

标高的变化（Change of Level）

巧妙处理标高的艺术是城镇景观艺术中很大的部分。地面标高的多样化可以直接创造出场地的轮廓线，或者，人为造成规划师需要解决的许多问题。但无论它们由何种原因促成，人们对此的反应是多样的，而其中最重要的反应来源于人类特有的敏感，要在世界上寻找自己的位置。

每个场所都有其自身的基准线，各种东西要么与这条线平齐、要么在其之上、要么在其之下（对此可以有多种解释，因为我们习惯于将自身所处的位置作为基准线来衡量周边的东西）。在这条基准线之上，会产生出权威性和优越感；在其之下则有亲切感和保护感。

这种感觉暗示了观察者和他所处的环境之间具有一种非常直接的关系。对权威和优越感的喜爱，同对其他城镇景观效果——例如墙面闪光的肌理和商店前的文字招牌——的喜爱是有很大差异的。在前面的情况中，观察者融入了环境；而在后面的情况中，他默认自己是与环境分离的。但这两种情况都是合理的，同时也是人们希望得到的目标效果。

物体可以通过其自身与水平面的关系来获得重要感。那些想要给人留下深刻印象的建筑物放置在斜坡的顶端，就像将一座雕像放置在方形底座上一样。这样就产生了在斜坡上设计建筑的困难：由于那里没有基准线，因此结果也常常是模棱两可的。除了建筑物之间、建筑和水平面之间明确的相互关系之外，在实践中还会遇到许多微妙之处；这方面的一个案例是圣保罗大教堂的双层基座，它使整个伦敦市的天际线成为了这个建筑物的台基。

地平标高的处理当然还有它自身的纯功能用途（参见本书"障碍物"一节），但即便在纯功能性的标高变化的情况下、当问题实在不能简单地通过实用主义的方式解决时，仍有一些时候存在可以进行多种选择的情况。例如，人们希望在公园或广场的流动空间中，划出一块休息空间，怎么办？改变标高。但对这个空间是采用升高还是降低的方法能够达到最好的效果，就需要参考前文中所提到的在基准线以上或以下的心理感受来决定了。

那么，除了功能和心理因素之外，标高的变化是否还有其他方面的意义？是的。第三个方面纯粹是关于视觉的，或者说是客观存在的、世界所固有的一种品质，世界由于种种原因而拒绝成为一个平面。

在视觉和意识中，最简单的因素莫过于地面的起伏——这是培养雕塑家眼光的东西。有多少地方是那种第一眼看上去很平坦、但接近时却会发现它有微妙的起伏、给整个场景带来了生机的？如果有一条基准线，这就更容易被人察觉，这条基准线提供了测量的基础，或是通过某些方式揭示出来——栏杆扶手（见第164页"暗示"）部分则表现出其接触平面的变化特征。

因为倾斜面比水平面的特征更明显的事实，人们可以很好地利用它来创造出特定的空间感，尤其是人多的地方。到过南博会（South Bank Exhibition）的游客会记得，那里倾斜的草坪很好地衬托了地面的铺装，而且由于人们无法在上面踩踏，故游人虽多仍能保持盎然生机。这一点揭示了通过标高优雅地变化所能够达到的重要效果。通常，空间的过渡往往伴随着混乱及不必要的装饰品——栏杆、灌木丛及类似的东西——使空间的几何特性和均衡性模糊不清。如将此斜坡视为一个空闲的所在、一个需要加以美化的视觉空白，那么就会和用假山来装饰交通环岛一样可笑。

标高的变化需要对城镇景观有所贡献。那种坚持认为地面必须是个整体的观点经常被打破，也许我们在开始对标高做调查前更应记住：虽然标高可以改变，但我们仍不必受其约束。

基准线之上（Above datum）

　　尽管政治的术语定义了一个人的立场是左、中、右，但更通常也更自然的划分还是上和下。我们敬仰某个人，而将其他人描述为智力低下。对相对于高度的认识，是人类与生俱来的自然本能。

基准线之下（Below datum）

无论其重要性来自原始的狩猎、早期的军事战略，还是来自有关天堂和地狱的教条，我们都无法否认，即便在单调的现代城镇中，居民们仍对高低有相当强的认知。高度等于特权，深度代表亲密；这正是这张图片所要表达的观点。

基准线之上（Above datum）

　　站得高不仅望得远，还会产生一种优越感，一种你处于某种特权地位的感觉，无论观景与否，这种地位是令人愉快的。站在没有遮蔽的高处是令人激动和振奋的，就像左上图中所示的南岸（South Bank）眺望台那样，仅仅是一个高举起来的平台，却有着明显的优势，就像在左上图中迈恩黑德（Minehead）的防波堤上那样。当然，这里面有许多好玩的和天性的东西，跟儿童喜爱在墙头走路一样。下面的两张图片显示了这两个场所和这里的建筑由于所处的位置而显得非常重要。左下图中，阿格德[1]这片抬高的小广场立刻显示了它的与众不同，是一个值得一去的地方；而右下角，是萨拉曼卡[2]的外表谦逊的建筑群，它们坐落在一处很缓的坡地上，由于水沟和台阶的处理而戏剧化地夸张了标高的变化。

1　阿格德，Agde，法国南部由圣卢山的火山熔岩流冲入大海而形成的岬角（Le Cap d'Agde），建于 20 世纪 70 年代，是地中海沿岸极具吸引力的旅游胜地，建有一个海水治疗中心和一个裸体主义者的天体村。译者注。
2　萨拉曼卡，Salamanca，西班牙中西部一城市，位于马德里西北约 200 公里的地方。这里每年都吸引着大批的游客。它是西班牙最有代表性的、文艺复兴时期那种带有复杂花叶装饰建筑的天然展示厅。因为老城中许多的建筑都是用金黄色的石块修建的，因此有"黄金之城"的美誉。此外，它本身还是一座大学城，教授最纯正的西班牙语。译者注。

基准线之下（Below datum）

与高于一般水平面相反的，是下沉空间所表现出来的亲密而舒适的效果。从功能上看，它可以在合适的地方被用来创造一种隔离的感觉，就像左下图中所示的法国街道那样；或是创造出社交场合的气氛，如上图南博会的物质空间规划试验中那样。这里看上去是如此恰当——在城市空间的小小一角，因为它下沉的地面而显得友好而明朗。

暗示（The tell-tale）

前面我们已经描述了地面标高可以对我们产生的心理作用；而这里我们关注的是它所产生的纯视觉上的暗示。其中最重要的无疑是对地面波动的观察，是它给整个景色带来的生机与活力。即便是一个小庭院因排水需要而形成的高差也能够产生趣味性。但事实上，由于地面波动往往非常轻微，因此对它加以暗示也就变得有趣起来。

表明真正的水平线来表现这稍许的偏移，或者如上图所示，在莱姆里吉斯（Lyme Regis），随着等高线起伏的扶手栏杆揭示了地面在现有水平面之后发生的变化。这正是雕塑家所需要具备的眼光。

优雅的过渡（Changing with elegance）

由于连接两个不同标高的斜面不好使用，因此往往被视作整个场景中的死角，常有人花功夫来对其加以装饰。但对页上方荷兰斯塔佛伦（Stavoren）的案例显示出对高差变化的这种掩饰是不必要的，通过将几何的精确性和同质材料的内聚性结合在一起，可以形成一种具有纪念性的高贵效果，展现了直接解决问题的优点。另外一种处理方式，如下图中达特姆尔高原（Dartmoor）的这个片段，通过对地面的有机造型，以及保留下来的那些因适当粉刷而富有吸引力的墙面，使整个场景非常迷人。这是什么都没有做？或仅仅只是一道毛石墙？

这里和那里（Here and There）

房屋建在一块平地上。它是一个站立在平坦表面上的一个物体。在房子的内部有不同的房间和不同体量的空间；但从外部看来，这些都不明显。我们所见到的一切就是这个物体。当很多房子建在一起，就形成了街道和广场。房子间围合出一定的空间，这样就在室内的体量和空间之外增加了一个新的因素……室外空间。从纯粹功能角度来看，室内不同体量的空间和房间具有一定的结构和庇护功能，而外部空间和体量却无法进行如此直截了当的评述。它有偶然性并处于人们意识的边缘。是不是这样呢？

在一个纯物质的世界中，我们的环境就像一条布满岩石的河流，岩石就像建筑物，而河流就像周边过往的车流和人流。实际上，这种流动的概念是不准确的，因为人们生来就有一种占有的欲望。一群人在人行道上停留或闲谈，他们占有了这个地方，因此，其他的过路者只能绕行。社会活动并不只在建筑的室内才能进行。在那些人们聚集的场所，无论是市场还是广场，都会对其能够承载哪些活动加以表达。市场、道路交汇处、有明确规定的散步场所，等等。换句话说，室外和室内一样，都可以有明确的空间功能，但却源于不同的原因。

我们可以假定一个组装起来的环境；与一块简单的地球表面所不同的是，它的上面永远挤满了蚂蚁一样的人和车辆，地面上随意撒着一些建筑物。因此，为改变这种基于自由流动的、毫无形状可言的环境状况，我们提出了一种更清晰、更连贯的环境方式来代替它，这需要通过打破任意流动的状况、将活动分为运动与静止，同时将空间也分成街道走廊与市场、小路与广场（以及由它们转变而为的各种空间）来达到。

将整个城镇明确划分为可识别性较强的若干部分，其结果却是当我们创造出一个"这里"时，我们也就必须承认一个"那里"，也正是在处理这两个空间概念的过程中，城市中很大一部分戏剧性的场面就产生了。后面的几页绘画正是有关在城市景观中这样利用空间所涉及的一些要点。

这里和那里
(Here and there)

　　人为的围合，作为最简单的一种方式，将环境分割成了"这里"和"那里"。在拉德洛(Ludlow)，我们现在所处的拱门的这一边，是一个简单而直接的世界，是"我们的"世界。而拱门的另一边则截然不同，它有许多自身的特点，有它自身的生活(和限制)。正如看到墙那边的一只船头就相当于告诉你离海不远（有一种辽阔而永恒的感觉）一样，教堂的尖顶将一个简单的围合空间，如左下图所示，转化为具有"这里"和"那里"的感受的戏剧化场景，如右下图所示。

内部空间向外延伸
(Inside extends out)

    这样做的结果就是使建筑内部的体量由外在的因素表达出来。在下图这个酒吧的案例中，一个普通的街道立面被这个表达内部功能的凸出部分打破。同样，从商业街的剖面中可以看出来，在街道的一边，左边，我们所能看到的只是商店的橱窗；而在右边，帆布篷和叫卖小贩的手推车形成了一种空间围合，使整条街道从一个毫无生气的、强调内外有别的乏味空间转化为更具包容性的、生动的线性市场。

空间的连续性（Space continuity）

    与此类似但尺度要稍大一些的，是从这个角度看到的格林威治市场，如上图所示，有一种空间连续的效果，它是一种不同体量之间的复杂关联，其光线和材料淡化了内外空间的概念。

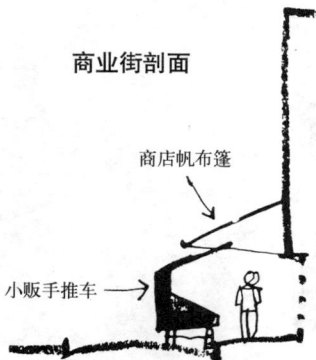

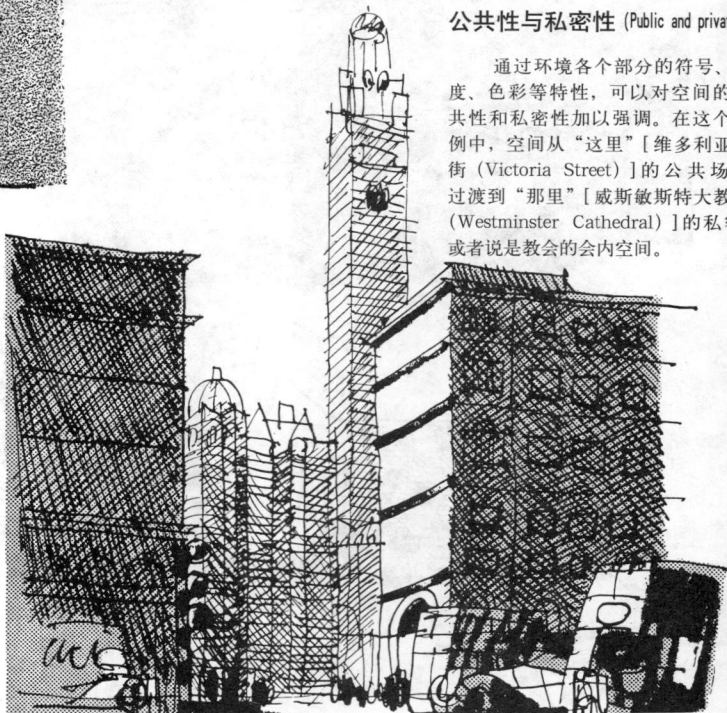

公共性与私密性 (Public and private

    通过环境各个部分的符号、度、色彩等特性，可以对空间的公共性和私密性加以强调。在这个例中，空间从"这里"［维多利亚街（Victoria Street）］的公共场过渡到"那里"［威斯敏斯特大教（Westminster Cathedral）］的私密或者说是教会的会内空间。

商业街剖面

商店帆布篷

小贩手推车

184

外部与内部 (External and internal)

金斯顿（Kingston）市场展现了空间的另外一面，那里有两种类似的空间系列并置。首先是市场广场，由若干曲折的小路进入，路面窄且喧嚣的中心地区变宽，高塔和雕塑强化了中心的位置，天空就像是这个户外房间的穹顶。市场之外就是谷束旅馆（Wheat-sheaf Inn），它也有一个繁忙的中心区域，通过一个狭窄的廊道可以到达。这个中心地区也有其自己的天空，一个玻璃的穹顶。夏季，这个建筑物从前到后都是开放的，当穿越这个地方的时候，人们都会被这个完整的空间序列所打动。

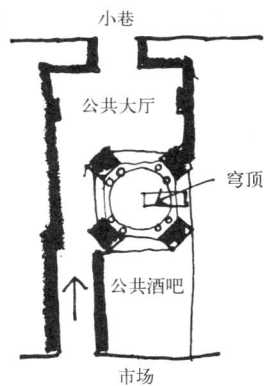

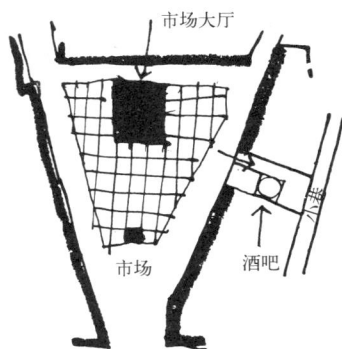

小巷

公共大厅

穹顶

公共酒吧

市场

市场大厅

市场

酒吧

天空

无限

空间与无限 (Space and infinity)

　　站在屋顶向天空眺望，无限深远的效果并不是经常见得到的。但如果人们所处之处本来就是用来行走的，也就是，是在地面上，而天空突然展现在眼前，那么无限深远的感觉和震撼感就会产生。

限定的空间
(Captured space)

　　镂空的回纹装饰向外伸展，限定了空间的范围，细长的栏杆和柱子将它围合起来，透空的墙面展示出内在的空间。在后面，装有百叶的窗扇显露出下一层次的内部空间，而窗户使该空间更加完整。

突出 (Projection)

可以占据的空间会激起人们的占有欲。利用这种反应，人们可以通过对空间的安排来达到想要的效果。左边这张英格兰银行的图中，气势宏大的柱廊比高大的建筑本身可能更令人精神振奋。

功能性空间 (Functional space)

要想在街道上强调一个场所，如戏院，更好的方式是给这个地方一个自己的功能空间，如下图所示，在闪烁的灯光、亲切的交流和环境的张力下，这个地方充满了生机与活力。

偏转 (Deflection)

当一道风景结束于与轴线垂直的一个建筑物时，一个围合空间就产生了。但如果这个结束的建筑物转动了一定的角度，就像下面这张图中显示的爱丁堡 (Edinburgh) 的情况那样，它暗示了下一个空间的开始。那里一定存在一个现在看不到却能够感受得到的空间，朝向这个建筑。

直观性（Immediacy）

将 50 英镑存在银行，也许是比放在口袋中更精明的做法，但是放在口袋中更令人高兴。水、天空和建筑物无需考虑节俭的问题，它们在那里，却可以在此时此地享受到，或完全享受不到。世界上没有"视觉储蓄银行"。人与环境之间这种直接的视觉接触，我们在此将其定义为"直观性"，它具有与维多利亚时代的"不加掩饰"（Opening Up）有类似的品质。但两者的不同之处在于：今天为实现城镇景观的志向而进行的实践，比维多利亚时代的城市规划梦想更为系统化，那些维多利亚时代的规划往往将城市当作一个布满了不同展品的博物馆来对待，像一个幻灯片的报告。现代城镇景观的概念核心在于一个简单却又惊人的事实，环境的各种因素之间不能彼此分离。更进一步，并置的效果自身与被并置的物体一样——甚至更加——令人激动。正是在这道光明的指引下，我们试图给"直观性"寻找更明确也更适合的意思。

左图，布莱克尼（Blakeney）；下图，意大利伊塞欧（Iseo）

水（Water）

由于水面和陆地的转化在人的心理上产生了最强烈的对比，因此，水提供了最典型的案例。海滨城市以海为生，从感觉上看应让城镇最大可能地领略大海的风采（这不等于一定要看到完整的大海，它可能是通过某种迹象提示，或是在街道尽头的狭小空间作为对景）。

在海滨城市，大海是它存在的理由。即便这里的居民住在舒适的房间中、听着收音机、条件与其他所有内陆家庭一样，但它终究不是一个内陆城市。它在深水的边缘，它面对着连续却又难以捉摸的地平线。

独自站在码头上的人也是如此，在这种状况下，他的紧张感主要是来自这条水陆交界线。这是一种紧张的情绪体验，给人以直观的感受。这种视觉和情感状况在取消了视野中的栏杆后更为强烈，如第172页诺福克（Norfolk）的布莱克尼那样，你可以站立在边缘，甚至拉着停船柱将身体倾斜到水面上，看下面的船只。直观性或许可以定义为一种从精神上探出到水上的行为。

很多直观性的效果取决于对比的程度，从意大利的伊塞欧的案例中可以看出这一点，如第173页图所示。这道坚硬的、无限延长的城市建设边缘（由路灯和树木决定了其城市化的特征）直接与大片水面相撞。如果完全用栏杆和花坛将陆地安全地包裹起来，水将失去它的深度和闪光之处，水中的山看上去会更加遥远，而风也不会让人体会得如此彻底。

还有其他的结合方式，在意大利的柠檬（Limone）地区，如上图所示，花园与海面密切地融为一体，通过两者之间的凹凸的状态和地面高度的变化：海床上升了，地面形成台地；景色一览无余。在英国人的观念中，要与这片汹涌而严肃的、属于快乐水手（jolly-jack-tar）的海洋产生直接的视觉联系，必须在建筑上就与其保持一定的距离。但是，在柠檬地区，坚硬的、没有栏杆的景色使人立刻在心里上产生一种与深海的接触感，如左图所示。卵石从形状与光泽上模仿细碎的波浪，但它们是坚硬的，正如波浪是柔和的一样，这种对比使接近的感觉得到强化。

穹顶（Domes）

让我们的目光从最典型的自然元素转换到最典型的建筑元素——也就是从对水的关注转到对建筑杰作的关注。在佛罗伦萨，无论你走到哪里，大教堂都如同一座永恒的丰碑般矗立在眼前。它总是作为街道的对景，以纯粹的建筑形态给人留下深刻印象。这是扎根于建筑自身的特色，快乐得如同包裹在大衣中的富人；它有极强的吸引力和巨大的尺度，就像一个大气球，迫降到了人家的院子中。

结　语

　　环境中有许多有趣而富于戏剧化的东西，这是本书想表达的信息。读者或许会说："是的，但你是搜遍了整个世界找到的例子。如果你到我现在所居住的利物浦或曼彻斯特的城市边缘住宅区、巴黎的新郊区，或是美国网格状的城市中，看看你能够从中发现什么。"

　　我同意。但是我并非搜遍世界来完成一本可以拿起来看看也可以随手放下的图画书。这些案例是为一个目的而聚集到一起的。这个目的就是展现"环境的艺术"，而如果对此能够有了深刻的理解并付诸实现，就能够防止书中所提到的一些灾难出现。本书出版的目的正是在于影响像您这样的人，向您显示正在失去的东西，并试图灌输一种不断发展的、有关于应当做什么的思想。

　　即便您居住在一个情况最糟糕的城镇中，本书的信息同样是重要的：那里一定存在着"环境的艺术"。这是"城镇景观"最核心的事实，但却在人们的发展过程中逐渐迷失了。环境的斗士们对其进行了分门别类的整理。但往往出现两种情况：一种情况是"环境的艺术"被弱化成了鹅卵石铺地和纯粹的保护，而另一种情况则泛滥成为破坏的力量和视觉污染。对这两种情况，如果我可以对此表达我的看法的话，没有一种是真正切合环境艺术的。因此，十年之后，我们开始有必要重新起步。今天正是塑造这种更为现实的工具的时候。感谢前面曾经提到的斗士们，是他们使得这个主题日趋凸显。不过城镇景观中也涉及了约束和倡导。那些失去的东西正是进行更新的核心力量。现在，这种将各种环境要素放到一起的艺术有了更为明确的定义，它的规律得到声明，而典型的成果甚至在很多行业外的领域都家喻户晓。这将是我下一本书的主题内容。

　　审美的系统化会反作用于人的思想态度，但我们必须相信：飞翔的鸟儿与被捉住的鸟儿是绝对不同的。另外的一种态度更倾向于这种观点：你必须定义了你的音符并建立出一套音乐的基本规则，否则你永远无法演奏出一支曲调，哪怕是很简单的一曲，更不要说莫扎特的音乐了。在我看来，这是不言而喻的。不惮累述，我们不妨对此活动领域加以详细说明。

　　A．环境是通过两条途径组成的。第一条，客观地说，是运用常识，其思考的逻辑是基于有关健康、宜人、便利以及隐私等方面的规律来进行的。这种情况好比上帝创世纪，就像处于被创造的东西之外之上一样。第二条途径与此并不对立，它是一种创新的实践，而这个实践则是通过挖掘未来世界上存在的各种东西的特性来达到的。没有什么亵渎的意思，这好比上帝派他的儿子到世间过人类的生活一样，更清晰地了解人类究竟是怎样的，并进行救赎。这两者的态度是互补的。打一个简单的比方，纬线这种为大众利益服务的线条在普通地图上是相互平行的，但如果单独来观察它，它最后将消失于极点。没有任何道德上的区别，这两种观察都是正确的。其根本在于你所处的位置。在这些研究中，客观价值并不是我们所关心的，尽管它可能是不菲的；而主观的感受才是我们所关注的，尽管它可能是令人烦恼的。

我们所试图证明的是那些在不同类型的真理之间转换的特殊困境，也就是从城市政府的良好愿望到最后人们的反应和经历的全过程，尤其是当人们处于这个疯狂的世界上、很少能够有工夫来进行调整的情况下。

对于"城镇景观"最重要的主张是：它有助于描绘出主观世界的构成。因为，如果它无法被描绘出来，人们又能对它调整什么呢？是观点、样式，还是个人的品德？对于暧昧的事物进行调整是如此困难和浪费时间的事情。

B．我们工作的基础是什么？惟一可能成为基础的无疑是建立一些途径，使人能够喜爱他所处的环境。要记录下他们的主张。不是图画上、天堂里，或是计算机上的壮丽景色，而是我们自身生活中平凡的点点滴滴。它或许有助于观察人们对生活本身的态度。一个婴儿呱呱落地，来到人间，它会饿、会哭、会睡。它完全不能自立，也非常傲慢无礼。后来，随着孩子的成长，它开始辨别周围的一切事物，一些热一些冷，一些亮一些暗，还有一些大的事物并唱着歌到处走动。年轻人在家庭中长大，开始了解家庭生活中的是与非。什么时候不要问问题或呆得太晚；如何在爸爸的身边找到合适的位置，等等。再后来，成年后，他开始过自己的生活，结婚，在自己家庭中承担责任。

我们对环境的反应与此非常相似，可以通过以下4条陈述来加以表达。

1．我在"这里"，此时，我正在这个房间里。对空间的知觉。

2．他们在"那里"。那个建筑物很美或很丑。对情绪和特性的知觉。

3．我了解这种行为。我们行走在一张这样的网络中，景色在我们面前展现，在我们身后隐退。这是一种时间的序列。

4．我进行统筹规划。我可以巧妙地处理空间和情绪，知道它们的行为方式，来创造人类的家园。

所有这些都很好，也很宏伟。但是，如果我们简单地将这些放到一边、只一心一意进行设计，结果又会如何？

反面结局1：没有归属感，心灵没有归属，除了荒野。缺乏家庭的感觉不断蔓延，一直到地平线，一片荒芜。就像被逐出了伊甸园。

反面结局2：没有什么东西可以感染人。人们转过来转过去，但周围的一切都毫无表情、毫无意识。没有人笑，也没有人哭。我们伸出手，这支沉默的军队却对此毫无反应。

反面结局 3：环境让人感觉无知和笨拙，好像已经损毁、转动时发出轰鸣的变速杆，整个景色是灾难性的，就像一处拘留所。

反面结局 4：一切都是支离破碎的。就像被野蛮推倒的两棵白桦树一样。

C．为创立这样一个系统，我们首先采取的行动当然是构思一个领域，环境中的各种现象因此能在我们的地图中找到符合逻辑的位置。到目前为止，我们的左手边已经有了一系列的事实依据。在此之上，我们根据实际操作的情况划分出环境中不同的维度。首先是物质世界中的长、宽、高。其次是时间的维度。第三是氛围的维度。从水平和垂直的细目分类，我们可以建立一个坐标方格或初步的地图，如果前提是充分的，就有无限扩展的能力。

既然涉及了地图的概念，我们现在就来考虑前面第四条陈述的有关统筹规划的问题。如果我们把这张地图视为一个可供参考的（视觉）词汇的图书馆，那么统筹规划就是将这个单词和那个单词放到一起来表达一个明确的语句的艺术，这是这种特殊设计所具有的、与生俱来的问题。交流的愉悦感是我们每个人都需要的。我们务必对此有所表达！

你会发现，这本书并不比任何一本烹饪书复杂：首先，你需要列出你的配料，然后，你需要描述它们在加热、在水中或在其他各种条件下的表现，然后将这所有的东西放到一起，这样就完成了，一块烤面包新鲜出炉。两者之间的惟一区别在于多数人对吃有强烈的兴趣，因此能够对那无穷无尽的烹饪书做出自己的判断。而环境，就今天看来，是人们兴趣的空白。这并不真得令人吃惊。当维多利亚时期建筑物那种环境之美被人完全消灭的时候，人和环境之间的对话也就中断了，取而代之的是人性之美，如正直、诚实和自我表现。你会发现这一切将我们带到了哪里，每个人都变得呆板而烦乱。我们失去了听众。我们的参与、脱离、分隔、躲藏、暴露、聚集、稀释、设陷、释放、迟滞和加速都是被迫的。我们把球投得到处都是，是为了让那些僵硬的肌肉工作起来。这里有大量的工作要做。

人与生活分离，最痛苦的莫过于人们脑海中的一线希望也胎死腹中。在这沉积了大量思想的腐殖质中，一个想法突然破土而出，并得到了人们的包容。电话铃响起来，我们所能够提供的不是人们想要的无烟煤和谷物，我们只有坚果。于是，这个想法消失了。而且经常是永远地消失了。掷出这些骰子的神灵在挫败中叹息。我们的世界继续不断地抛出新的概念、思想和解决方法，但大量的都凋残、死亡了，而剩下的则沉入书海中。人们需要的是进行索引的架构，让那些居无定所的思想找到自己的家、一个相当于"庇护所"的环境。英国的一些组织机构正为如何解决这些问题而默默工作。在我看来，现在依然存在着惊人的生产力的浪费现象，需要通过建立相关的收集、分类和拯救的机构使这种情况得到遏制。

因此，我们以这样一箩筐的概念和系列话题作为本书的结束。这本书好比一颗水晶，从整体上看是同等的，其内部也是可以自我调整的。它是一个武器，我们用它来开辟一条走出孤立的道路、用它来与教育家、大量的媒体联系，最后与这个故事的核心——人民大众，推心置腹。

译后记

　　戈登·卡伦的这本《简明城镇景观设计》，自 1961 年问世以来一直是全世界建筑学和城市规划学科的必读书目，多次重印，炙手可热，被尊为经典。它立足于人们对环境的切身体验，从城市的角度对由建筑物群体和外部空间因素所构成的城镇景观进行了深入地剖析。它在建筑学、城市规划学、景观学，甚至也包括艺术学科的历史上，都有着不可动摇的重要地位，所提倡的原则和做法在强调"城市设计"的今天尤其有指导意义。

　　几十年来，对这本书进行的评价颇多，仁者见仁，智者见智，援引它的文章和著作亦随处可见。作为这本薄薄的"巨著"的一名精读者和小学生，我除了对书中深刻的思想、精辟的分析和睿智的建议非常佩服之外，也深深陶醉于其敏锐细心的感知、幽默的语言、帅气的图画和深入浅出的叙事作风中。而对它最深的体会、如能不惮浅陋说出来的话，那就是：这是一本研究建筑物群和其环境该如何关怀人的"心灵"的书。纵观全文，其中所述皆出于人类对生活的渴望和对空间的朴素感知，正是对人们细腻的内心感受、对不同境遇下人们所产生的复杂心情有了深刻地了解，作者才能够为诸多的环境要素建立某种衡量的框架、寻觅到将它们串在一起的合适线索，并最后提出解决问题的途径。当然，书中所提出来的看法和观点之所以容易让人们产生共鸣，也正是触碰到了人们那颗敏感的心。感谢本书所赐！它给了我们一个重要的启示：作为建筑师、景观规划师、城市规划师和从事相关工作者，或正在这些专业学习的人，我们现在和未来工作的目标中，除了实用、经济之外，我们也应当适时地考虑它会给人们带来怎样的内心感受（这个问题不仅仅在于需要"美观"）。换句话说，即便是做最普通的设计和规划，我们也应对其精神意义有所考虑，去体会当人们身处其中，或在其周边的心灵感受。空间，除了它的物质属性，还具备精神属性；除了美和丑，还具有其他更多丰富的内容。这样的目标向从事这方面工作的设计师和规划师提出了更高的要求：除了系统的专业知识、丰富的工程经验并熟练掌握某些设计的技巧之外，他们自己必须有博大却敏感的心灵、善于也乐于体察周边事物的眼睛。为解决问题，他们的工作必然是创造性的，而这个创造的基础除了专业知识之外，还有人对环境的系统感知，这或许算得上另外一种类型的知识。

　　当然，本书的启示远不止如此，这里受篇幅所限不能一一列出。它的普及或许能够改变我国当前设计规划中的一些问题。我想，凡读过这本书的人，或者只用泛泛地翻阅过这本书的人，该不会再把某处新农村建设的规划图画成密密麻麻、横平竖直、毫无特色的"鸽子笼"方阵吧。只要做到这一点，我们的国家就已是受益匪浅了。

　　能有机会翻译此书，实为幸事。但由于翻译期间冗务繁杂，几番中断，使出版时间一拖再拖，至今才能与读者相见，对此深有歉意。

　　此外，1992 年天津大学出版社曾以《城市景观艺术》之名出版本书的中文版，所惜翻译与原文多有出入，排版亦完全打乱了原有的风格，甚觉可惜。因此，本次翻译更强调文字风格忠实原文，甚至排版亦用与原书完全相同的方式，尽量保持原书韵味，以飨读者。

　　注：本书所译是删除了最初版本后面的一些城镇案例的精简版。因此书名亦忠实这个新版本的《THE CONCISE TOWNSCAPE》之名，译为《简明城镇景观设计》。

王　珏

2007 年 4 月 17 日

英中词汇对照

Absence　缺乏

Adaptability　适应性

Advantage　优势

Advertisements　广告

Aedicule　小型建筑物

Aerial dominance　空中优势

Agriculture　农业

Animism　万物有灵论

Anticipation　预料

Arable landscape　耕作景观

Arcades　拱廊

Arcadia　室外桃园

Archways　拱门

Articulation　清晰度

Awnings　雨篷

Balconies　阳台

Barriers　障碍

Black and white　黑白

Block house　阻挡建筑

Bluntness and vigour　率直与活力

Bollards　系船柱

Bridges　桥梁

Building as sculpture　雕塑般的建筑物

Bypasses　绕行道路

Cafés　咖啡店

Calligraphy　书法

Canopies　帆布篷

Captured space　限定的空间

Casebook precedents　可供参考的先例

Categorical landscape　不同类别的景观

Centres　中心区

Change of level　标高变化

Churches, churchyards　教堂，教堂庭院

Climate，English　气候，英国的

Closed vista　闭合的景象

Closure　闭合

Colonisation　占据

Colour　色彩

Content　内容

Continuity　连贯性

Contrast　对比

Courtyards　庭院

Cross as focal point　成为焦点的道口建筑

Datum　数据资料

Decoration　装饰

Defining space　定义空间

Deflection　偏转

Density　密度

Dispersal　疏散

Display　显示

Distortion　变形

Division of vista　景色分割

Domes　穹顶

Doors　门

Enclaves　被包围在别国领域中的领土

Enclosure　围合

English Climate　英国气候

Entanglement　纠缠

Exposure 暴露
External and internal 外在与内在

Fences 栅栏
Floodlighting 泛光灯照明
Floor 地面
Flowers 花
Fluctuation 起伏
Fluidity 流动性
Focal point 焦点
Foils 烘托
Footpaths 步行道
Fountains 喷泉
Functional space 功能空间
Functional tradition 功能性的惯例

Gardens 花园
Gates 大门
Geometry 几何形体
Giantism 巨人
Grandiose vista 壮美景色
Grass 草地

Ha-ha 矮墙
Handsome gesture 大方的姿态
Hazards 冒险
Hedges 树篱
Here and there 这里和那里
Hereness 这里
Housing 住房

Illumination 照明
Illusion 错觉
Immediacy 直接
Incident 事件
Indoor landscape 室内景观
Inescapable monument 永恒的丰碑

Industry 工业
Infinity 无限
Inside extends out 内部空间向外延伸
Insubstantial space 幻想的空间
Interpenetration 互相渗透
Intimacy 亲密
Intricacy 复杂
Isolation 孤立

Joining 连接
Juxtaposition 并置

Kinetic unity 动静协调

Lamp standards 灯杆
Landscape 景观
Lavatories, public 厕所, 公共的
Legs and wheels 步行与车行
Lettering 文字
Levels 水平面
Lighting 照明
Line of life 生活的线索
Linking and joining 联系与接合

Maw 胃
Metaphor 隐喻
Metropolis 大都市
Movement 运动
Multiple use 多用途
Mystery 神秘

Narrows 狭窄
Netting 框景网格
New towns 新城
Nostalgia 怀旧
Noticeable absence 明显缺乏
Occupied territory 占用区域

Offices　机关

Opening up　不加掩饰

Ornament　装饰

Outdoor publicity　户外宣传

Outdoor room　户外房间

Parking　停车

Parks　花园

Passage　通道，走廊

Paths　小路

Pavement　人行道，铺装

Pedestrian network　步行网络

Pinpointing　精确

Place　场所

Planting　绿化，种植

Play areas　游戏区

Porches, porticoes　柱廊

Position　位置，状态

Possession　占有

Power lines　输电线

Prairie planning　旷野式的规划

Precincts　范围

Projection　投影

Promenades　散步

Propriety　适当

Public and private　公共性与私密性

Public houses　酒吧

Publicity　公开

Punctuation　标点符号

Pylons　高压线塔

Railings　栏杆

Ramps　斜坡

Recession　衰退

Relationship　关系

Restaurants　餐馆

Road　道路

Rooftops　屋顶

Roundabouts　迂回路线

Rule of thumb　经验法则

Scale　尺度

Screened vista

Sculpture　雕塑

Seaside　海滨

Seats　座椅

Secret town　神秘的城镇

Seeing in detail　细部观察

Segregation　分离

Serial vision　连续景象

Shelters　庇护所

Shops　商店

Significant objects　重大目标

Silhouette　轮廓线

Sky　天空

Sloping ground　倾斜地面

Space and infinity　空间与无限

Space continuity　空间的连续性

Sprawl　蔓延

Squares　广场

Steps, stairs　台阶，楼梯

Street furniture　城市小品

Street lighting　街道照明

Structures　结构

Subtopia　城市化的乡村地区

Suburbs　近郊

Taming with tact　得体地处理

Tell-tale　暗示

Terraces　阶地、台地

Texture　肌理、质地

Thereness　那里

This is that　"这"成了"那"

Thisness　"此"性

Towers　塔楼

Town　城镇

Town centres　城镇中心

Townscape　城镇景观

Tracery　窗饰

Traffic　交通

Trees　树

Trim　修饰

Truncation　切断

Undulation　波动

Urban categories　城市类别

Urbanity　彬彬有礼

Verticals　垂直的

Vigour　活力，魅力

Viscosity　黏滞性空间

Vista　景色，街景

Walls　墙

Water, waterside　水，水边

Weather　气候

White peacock　白孔雀

Whitewash　刷白

Wild country　乡野

Windows　窗户

Zoning　分区制